Eduard Karg
Regelungstechnik

Kamprath-Reihe

Dipl.-Ing.
Eduard Karg †

Regelungstechnik

Elementare Grundlagen

7., überarbeitete Auflage

Vogel Buchverlag

Dipl.-Ing. EDUARD KARG †

1919 in Eger geboren. Studium an der Deutschen Technischen Hochschule in Prag. Nach kurzer Industrietätigkeit Wehrdienst als Ingenieuroffizier der Kriegsmarine; nach Kriegsgefangenschaft ab 1947 Industrietätigkeit. Seit 1956 Dozent an der Staatlichen Ingenieurschule für Bau- und Maschinenwesen in Gießen, der jetzigen Fachhochschule Gießen. Gestorben im September 1991.

Die Deutsche Bibliothek – CIP-Einheitsaufnahme

Karg, Eduard:
Regelungstechnik: elementare Grundlagen/Eduard Karg. – 7., überarb. Aufl. – Würzburg: Vogel, 1992
(Kamprath-Reihe)
ISBN 3-8023-1445-X

ISBN 3-8023-1445-X
7. Auflage. 1992

Printed in Germany

Druck und buchbinderische Verarbeitung:
Alois Erdl KG, Trostberg

Vorwort

Das vorliegende Buch soll kurz und bündig in die Regelungstechnik einführen. Die Regelungstechnik zeigt sich dabei als verbindendes Fachgebiet zwischen den speziellen Fachrichtungen. Insbesondere kommt es zu einer gemeinsamen Basis für regelungstechnische Betrachtungen der Elektrotechnik und des Maschinenbaus.

Aufgabe einer elementaren Einführung ist es, nach einer Abgrenzung der Aufgabenstellung darzustellen, welche Eigenschaften Regelungen haben, welche Schwierigkeiten sich bei der Verwirklichung von Regelungen ergeben, was zur Überwindung der Schwierigkeiten getan werden kann. Kurz, es sind Grundgesetze der Regelungstechnik abzuleiten.

Diese Grundgesetze lassen den Aufbau der Regler verständlich erscheinen und verhelfen zu einer sinnvollen Auswahl und Anwendung der Regler.

Gießen

Eduard Karg

Inhaltsverzeichnis

1. Allgemeines
Regeln, Steuern, Automatisieren 7

2. Grundlagen 11
2.1. Regelkreise mit stetigen Reglern 11
2.1.1. Stetige Regler an verzögerungsarmen Regelstrecken 11
2.1.2. Stetige Regler an Speicherstrecken 34
2.1.3. Stetige Regler an Totzeitstrecken 49
2.2. Regelkreise mit Zweipunktreglern 52

3. Anwendung der Grundlagen 57
3.1. Aufbau von Reglern 57
3.1.1. P-Regler 57
3.1.2. PI-Regler 83
3.1.3. PD- und PID-Regler 87
3.2. Analog- und Digitalregler 93
3.3. Auswahl von Reglern und Optimierung von Regelungen 99

4. Zusammenfassung 107

Stichwortverzeichnis 112

1. Allgemeines

Regeln, Steuern, Automatisieren

Das Fachgebiet Regelungstechnik wird gegenüber den anderen Teilgebieten der Automatisierungstechnik, insbesondere gegenüber der Steuerungstechnik, abgegrenzt und gekennzeichnet.

Soll ein Fertigungs- oder Dienstleistungsprozeß wie z.B. die Elektrizitätsversorgung eines Bezirks wunschgemäß verlaufen, so sind vor allem die den Prozeß bestimmenden Größen laufend zu messen. Bei der Elektrizitätsversorgung müssen so z.B. Ströme, Spannungen, Leistungen usw. laufend gemessen werden. Nach dem Messen müssen die Größen, im allgemeinen selbsttätig, geregelt bzw. gesteuert, also sinnvoll beeinflußt werden. So ist es z.B. bei der Elektrizitätsversorgung notwendig, die Verbraucherspannung trotz Belastungsschwankungen selbsttätig aufrechtzuerhalten. Wie zu regeln und zu steuern ist, richtet sich nach den Betriebsbedingungen. So muß bei der Elektrizitätsversorgung auf Belastungsverlagerungen und Störungen, z.B. Kurzschlüsse, reagiert werden. Beim heute üblichen engmaschigen Verbundbetrieb ist es nicht leicht, dabei die wirtschaftlich zweckmäßigsten Entscheidungen zu treffen. Selbsttätig kann es durch Prozeßrechentechnik erreicht werden.

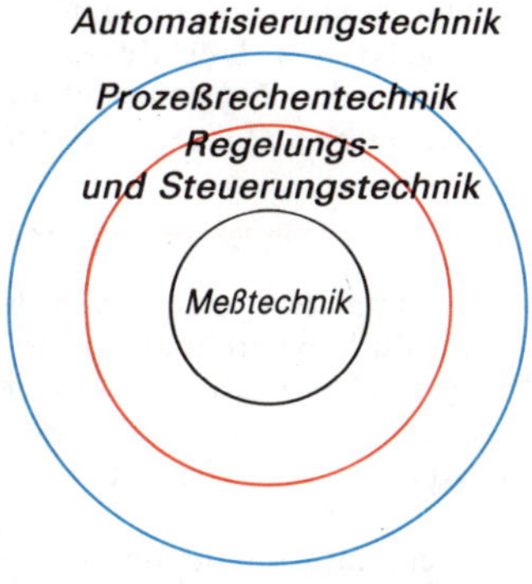

> Zusammenfassend können Meßtechnik, Regelungstechnik, Steuerungstechnik, Prozeßrechentechnik als Automatisierungstechnik bezeichnet werden. Meist genügt es, beim Automatisieren zu regeln und zu steuern.

Regeln

> Regeln heißt, beim Herstellen und Aufrechterhalten eines Sollwertes die Regelgröße laufend messen und beeinflussen.

Bei einer Wasserstandsregelung ist der Wasserstand laufend zu messen und danach ist ein Zuflußventil sinngemäß zu verstellen. Nimmt z.B. der Abfluß zu und sinkt der Wasserstand, so ist beim Regeln das Zuflußventil zu öffnen. Bei schwächer werdendem Abfluß und steigendem Wasserstand ist das Zuflußventil zu schließen. Laufende Wasserstandsmessungen führen somit laufend zu Ventilverstellungen, die auf den Wasserstand zurückwirken. Es ergibt sich also ein Wirkungskreislauf, der Regelkreis.

> Der kreisförmige Wirkungsablauf, der Regelkreis, ist kennzeichnend für eine Regelung. Bei einer selbsttätigen Regelung erfolgt der Wirkungsablauf selbsttätig. Bei einer Mitwirkung von Hand ist von einer Handregelung zu sprechen.

Bei einer Wasserstandsregelung beginnt der Kreislauf mit dem Messen des Wasserstandes, dem ein Verstellen des Zuflußventils folgt. Das Verstellen des Zuflußventils wirkt sich auf den Wasserstand aus, womit sich der Regelkreis schließt. Bei einer selbsttätigen Wasserstandsregelung wird das Zuflußventil selbsttätig verstellt. Bei einer Handregelung wird das Ventil von Hand betätigt.

Analoges gilt für eine Druckregelung, wo zwischen einer Druckregelung von Hand und einer selbsttätigen Druckregelung zu unterscheiden ist. Dabei kann zum Beispiel der Druck vor einem Brenner zu regeln sein, der schwankt, weil sich der Versorgungsdruck störend ändert. Dieses Regeln läßt sich durch das Verstellen eines Brennerventils erreichen.
Der besseren Übersicht wegen kann der Regelkreis in Regeleinrichtung und Regelstrecke aufgegliedert werden.

> Die Regeleinrichtung ist der beeinflussende Teil des Regelkreises. Der Regler ist das wichtigste Gerät der Regeleinrichtung. Regelstrecke ist der beeinflußte Teil des Regelkreises.

Bei einer Wasserstandsregelung kann der Wasserbehälter mit Zuflußventil und ein Meßumformer zur Regelstrecke gezählt werden, der Wasserstandsänderungen z.B. in Luftdruckänderungen umformt, die der Regeleinrichtung zugeführt werden.
Zur Regeleinrichtung kann bei der angegebenen Wasserstandsregelung ein Regler, ein Schreiber, ein Leitgerät für Sollwerteinstellungen am Regler und sonstige Geräte gezählt werden.

Selbsttätige Wasserstandsregelung

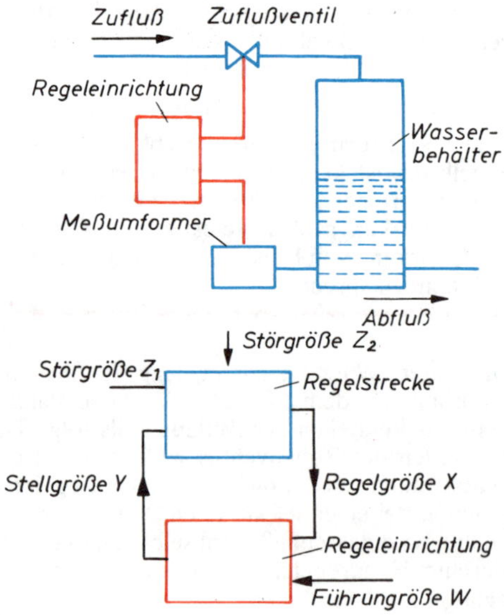

Druckregelung von Hand

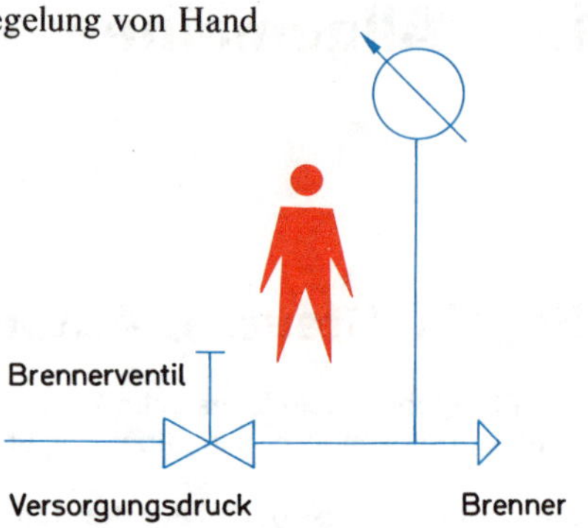

> Was zur Regeleinrichtung und was zur Regelstrecke zu zählen ist, kann willkürlich entschieden werden, da die Aufgliederung nur der besseren Übersicht wegen erfolgt.

Bei der angegebenen Wasserstandsregelung kann das Zuflußventil auch zur Regeleinrichtung gezählt werden. Regelstrecke ist dann der Wasserbehälter mit dem Meßumformer.

> Für die folgenden Betrachtungen an einfachen Regelkreisen soll angenommen werden, daß die Regeleinrichtung nur aus dem Regler besteht.

Regelkreisgrößen

Beim Herstellen und Aufrechterhalten des Sollwertes der Regelgröße wird ein Stellglied betätigt und damit die Eingangsgröße der Regelstrecke, die Stellgröße geändert. Damit wird Störgrößen, das heißt Größen, die Regelgrößenänderungen bewirken, entgegengewirkt. Dem Regler muß dabei aufgegeben werden, welchen Sollwert der Regelgröße er aufrechtzuerhalten hat. Der Regler ist also zu führen. Die entsprechend beeinflussende Größe ist Führungsgröße.
Bei einer Wasserstandsregelung ist der Wasserstand die Regelgröße. Der Luftdruck, der auf dem Zuflußventil lastet, ist die Stellgröße. Störgrößen sind der Abfluß und der Wasserdruck in der Zuleitung. Es sind auch noch andere, den Wasserstand beeinflussende Störgrößen denkbar. Führungsgröße für den Regler ist ein entsprechender Luftdruck, der mit dem Leitgerät eingestellt werden kann.

Drucksteuerung von Hand

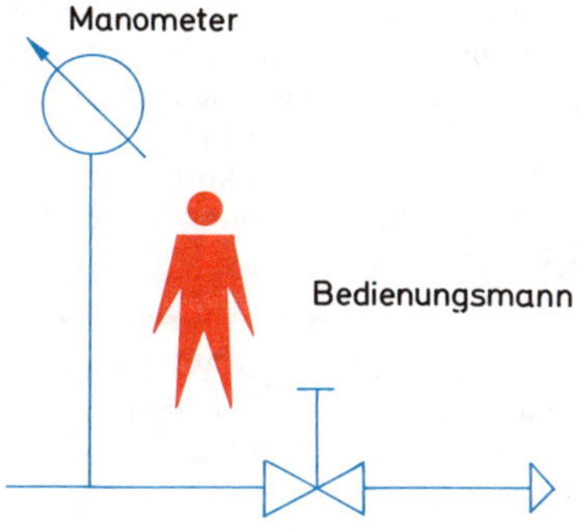

Größenbezeichnungen

x	Regelgröße
y	Stellgröße
z	Störgröße
w	Führungsgröße
	Bezeichnung der Änderungen gegenüber einem Ausgangswert
Δx	Regelgrößenänderung
Δy	Stellgrößenänderung
Δz	Störgrößenänderung
Δw	Führungsgrößenänderung

Beim Regeln wird angestrebt, daß sich die Regelgröße trotz Einwirkung von Störgrößen möglichst wenig gegenüber dem Sollwert ändert. Nach einer Regelgrößenänderung muß also der Regler möglichst schnell eingreifen und den Sollwert der Regelgröße wieder herstellen. Das gelingt, wenn es nach dem Eingreifen des Reglers möglichst schnell zu Regelgrößenkorrekturen kommt. Im Regelkreis soll also der Wirkungsablauf möglichst schnell erfolgen. Dazu muß es bei den einzelnen Regelkreisgliedern zu einem möglichst schnellen Wirkungsablauf kommen. Bei Regelkreisgliedern interessiert darum, wann und was bei ihnen geschieht.

Wann und was regelungstechnisch bei einem Regelkreisglied geschieht, ist kennzeichnend für ein Regelkreisglied. Es ist sein Zeitverhalten.

Bei einer Wasserstandsregelung interessiert z.B. das Zeitverhalten der Regelstrecke, das heißt, es interessiert, was in der vom Regelkreis abgetrennten Regelstrecke mit dem Wasserstand nach einer Verstellung des Zuflußventils, also einer Stellgrößenänderung geschieht. Bei einer entsprechenden Untersuchung kann z.B. das Zuflußventil ruckartig geöffnet und festgestellt werden, wie sich nach dieser Ventilverstellung der Wasserstand ändert. Der Wasserstand wird mit einer bestimmten Geschwindigkeit ansteigen. Das Steigen des Wassers ist das für die vorliegende Regelstrecke kennzeichnende Zeitverhalten bezüglich Stell- und Regelgrößenänderungen.

Das Zeitverhalten von Regelkreisgliedern ist oft nicht so, wie es sich Regelungstechniker wünschen. Für Regelungstechniker wäre es z.B. wünschenswert, wenn sich mit der Ventilverstellung sprunghaft der Wasserstand ändern würde. Das ist jedoch nicht der Fall. Nach einer Ventilverstellung kommt es zu einer Wasserstandserhöhung erst nach einer Wasserspeicherung. Speicherungsvorgänge und andere Vorgänge, die den Wirkungsablauf in Regelkreisen verzögern, erschweren das Regeln. Sie haben insbesondere zur Folge, daß sich der Sollwert der Regelgröße nur verzögert einstellt. Nicht selten kommt es hierbei zu einem Pendeln des Wertes der Regelgröße um den Sollwert.

Selbsttätige Wasserstandssteuerung

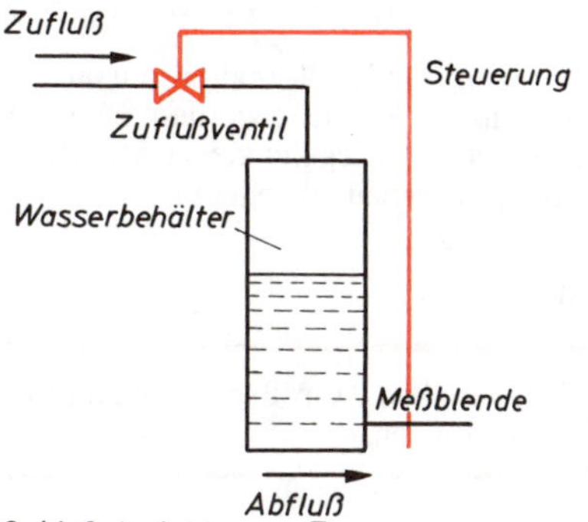

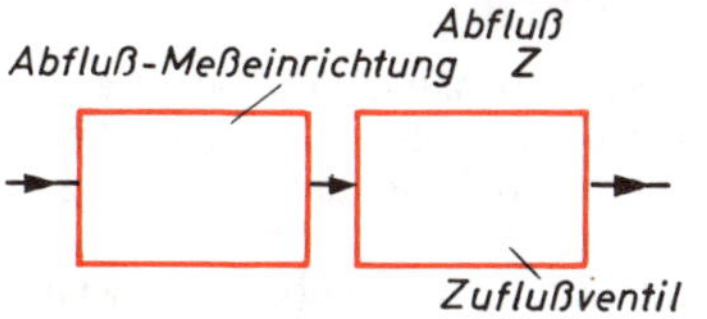

Steuerkette

Nachteil von Regelungen ist, daß sich bei ihnen unstabiles Verhalten einstellen kann. Das heißt, nach Störgrößenänderungen kommt es funktionsnotwendig vorübergehend zum Ausschwingen der Regelgröße. Vorteil von Regelungen, insbesondere gegenüber Steuerungen, ist, daß bei ihnen die Einflüsse aller Störgrößen kompensiert werden.

Bei der Untersuchung des Verhaltens von Regelungen interessiert vor allem das Verhalten nach Störgrößenänderungen, das Störverhalten, und das Verhalten nach Änderungen der Führungsgröße, das Führungsverhalten.
So interessiert z.B. bei einer Wasserstandsregelung, was nach einer Abflußänderung geschieht. Das heißt, es interessiert, ob nach einer Abflußänderung der Regler den gewünschten Sollwert des Wasserstandes wieder einstellt und welche Zeit für die Wiederherstellung des Sollwertes vergeht.
Andererseits interessiert das Verhalten der Wasserstandsregelung nach einer Änderung des aufrechtzuerhaltenden Wasserstands-Sollwertes. Dabei wünscht man sich natürlich, daß der geänderte Wasserstands-Sollwert möglichst schnell und genau hergestellt wird.

Beim Störverhalten und Führungsverhalten von Regelungen wird Genauigkeit *und* Stabilität gewünscht.

Oft kann stabiles Verhalten nur auf Kosten der Genauigkeit erreicht werden. Man bemüht sich darum, stabile Regelungen zu schaffen, mit denen möglichst genau zu regeln ist.

Steuern

Steuern heißt, Größen durch andere Größen beeinflussen.

An einem Wasserbehälter läßt sich die Einstellung eines Zuflußventils in Abhängigkeit vom Abfluß steuern. So kann der Zufluß verstärkt werden, wenn der Abfluß zunimmt, während eine Zuflußverminderung erreichbar ist, wenn der Abfluß schwächer wird. Auf diese Weise kann der Wasserstand im Behälter aufrechterhalten werden, wenn er sich infolge von Abflußschwankungen ändert. Bei der Steuerung bewirken Abflußschwankungen Ventilverstellungen, aber Ventilverstellungen wirken sich nicht auf den Abfluß aus. Gegenüber dem kreisförmigen Wirkungsablauf bei Regelungen kommt es somit bei Steuerungen zu einem offenen, kettenförmigen Wirkungsablauf.

Der offene kettenförmige Wirkungsablauf, die Steuerkette, ist kennzeichnend für eine Steuerung. Es kann selbsttätig oder von Hand gesteuert werden.

Der Wasserstand im Behälter ändert sich auch bei Wasserdruckänderungen in der Zuleitung, denn nimmt der Wasserdruck zu, so verstärkt sich der Zufluß und damit erhöht sich der Wasserstand. Durch eine Steuerung der Zuflußventilverstellung in Abhängigkeit vom Abfluß wird Wasserdruckänderungen in der Zuleitung nicht entgegengewirkt. Durch eine Wasserstandsregelung geschieht dies. Eine Wasserstandsregelung kompensiert eben die Einflüsse aller Störgrößen.

Nachteil von Steuerungen ist, daß durch sie jeweils nur der Einfluß einer Störgröße kompensiert wird.
Vorteil von Steuerungen, insbesondere gegenüber Regelungen, ist, daß bei ihnen keine Schwingungskreise vorliegen.

2. Grundlagen

Den Betrachtungen über das Zeitverhalten der Regelstrecken folgen jeweils Darstellungen über das Zusammenwirken der Regelstrecken und Regler.

2.1. Regelkreise mit stetigen Reglern

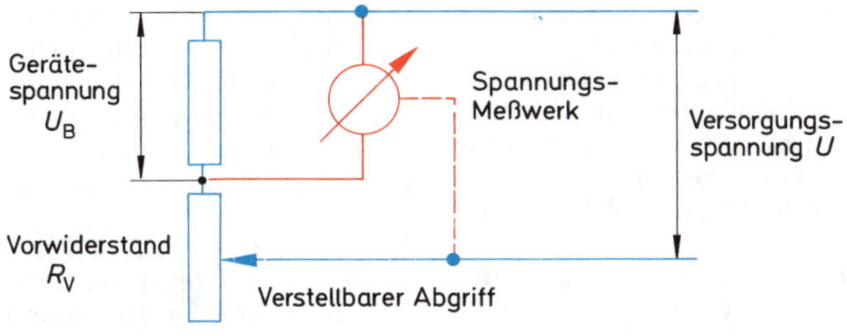

2.1.1. Stetige Regler an verzögerungsarmen Regelstrecken

Der erste näher vorzustellende Regelkreis soll natürlich ein einfach zu durchschauender und leicht zu beherrschender Regelkreis sein. Nach den angestellten Betrachtungen muß danach in einem solchen Regelkreis das Zeitverhalten der Regelkreisglieder entsprechend günstig, das heißt, regelungstechnisch „widerstandslos", sein. Nach entsprechenden Eingriffen muß folglich bei den Regelkreisgliedern verzögerungsarm das Wünschenswerte geschehen.

Diese Bedingungen sind anzunehmen, wenn es gilt, an einem elektrischen Gerät die Spannung aufrechtzuerhalten.

Durch ein Meßwerk könnte dazu die Gerätespannung U_B laufend gemessen werden. Bei Änderungen der Gerätespannung wäre durch das Meßwerk entgegenzuwirken. Bei zunehmender Gerätespannung wäre durch das Meßwerk der Vorwiderstand R_V zu vergrößern, bei sinkender Gerätespannung ist der Vorwiderstand zu verkleinern.

Zu Änderungen der Gerätespannung kommt es meist durch Schwankungen der Versorgungsspannung U.

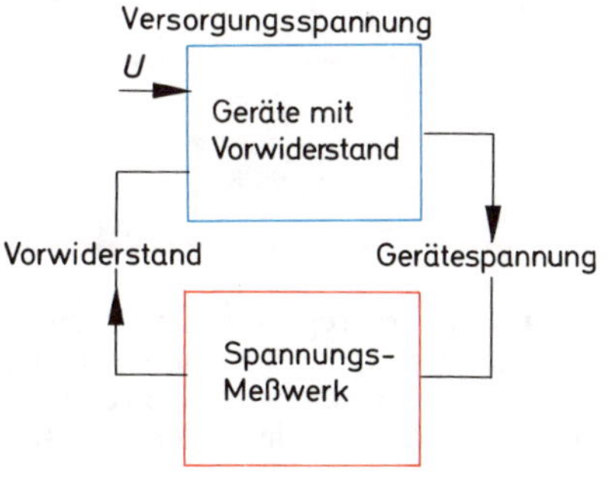

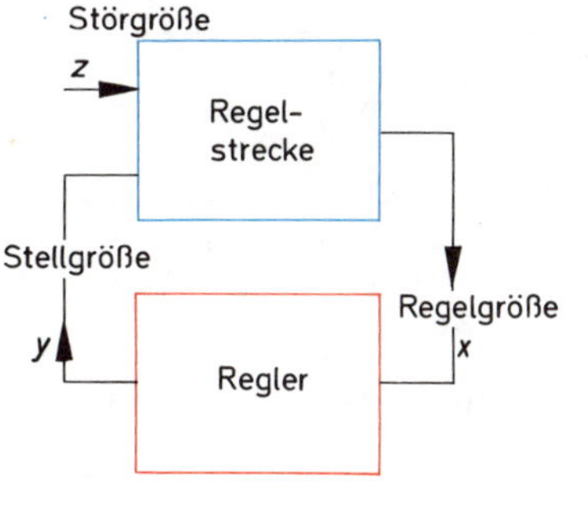

Für die beschriebene Regelung einer Gerätespannung werde nun das Zeitverhalten der Regelkreisglieder bestimmt. Mit der Feststellung des Zeitverhaltens der Regelstrecke, dem Zeitverhalten des Elektrogerätes mit dem Vorwiderstand also, werde begonnen.

Das Zeitverhalten eines Regelkreisteiles ist die Antwort auf die Frage: Was geschieht wann? Für die zu untersuchende Regelstrecke ist dabei zu bestimmen, was und wann mit der Gerätespannung, der Regelgröße x, geschieht, wenn sich die Größen ändern, von denen die Gerätespannung abhängt.

Die Gerätespannung ändert sich insbesondere, wenn der Vorwiderstand, die Stellgröße y, verstellt wird. Erfreulicherweise kann nun, wie bereits festgestellt wurde, angenommen werden, daß sich die Gerätespannung x nach einer Vorwiderstandsverstellung verzögerungsarm ändert. Es geschieht also praktisch sofort das Wünschenswerte. Wann etwas geschieht, ist somit geklärt. Über das Wann braucht folglich nichts angegeben zu werden.

Was geschieht, gibt folgende Gleichung an, die Kennliniengleichung zu nennen ist, weil ihre zeichnerische Auswertung ein Kennlinienfeld ist:

$$x = \frac{R_B}{R_B + y} z$$

Dabei ist x die zu regelnde Spannung, y der Vorwiderstand, z die Versorgungsspannung, R_B der Gerätewiderstand. Für frei gewählte Werte läßt sich durch die Kennliniengleichung feststellen:

Für x in Volt

z in Volt	y in Ohm 0,5	0,95	1	1,05	1,5
5	3,33	2,56	2,50	2,44	2,00
9	6,00	4,62	4,50	4,39	3,60
10	6,67	5,13	5,00	4,88	4,00
11	7,33	5,64	5,50	5,37	4,40
15	10,00	7,69	7,50	7,33	6,00

Durch die Tabelle ergibt sich, daß gleichen Änderungen des Vorwiderstandes y keineswegs gleiche Änderungen der Gerätespannung x entsprechen. Ändert sich z.B. der Vorwiderstand von 0 auf 0,5 Ω, also um +0,5 Ω, so sinkt die Gerätespannung von 10 auf 6,67 V, also um −3,33 V. Ändert sich jedoch der Vorwiderstand von 0,5 auf 1 Ω, also wieder um +0,5 Ω, so vermindert sich die Gerätespannung von 6,67 auf 5 V, also nur noch um −1,67 V.

Es liegt somit kein gleichbleibendes Größenverhältnis zwischen den Regelgrößenänderungen und den Stellgrößenänderungen vor.

Grafisch kommt das sich ändernde Größenverhältnis durch den gekrümmten Verlauf der Kennlinie zum Ausdruck. Das Größenverhältnis wäre nur konstant, wenn die Kennlinie geradlinig verlaufen würde.

Es ist nun zu berücksichtigen, daß bei den zu betrachtenden regelungstechnischen Vorgängen nur kleine Änderungsbereiche vielfach in Frage kommen. Regelungstechnisch interessiert darum meist nur ein kleiner Teil der Kennlinie um einen bestimmten Arbeitspunkt herum. Für diesen kleinen Bereich, und nur für diesen kleinen Bereich, kann annähernd ein geradliniger Verlauf der Kennlinie und damit ein konstanter Wert des Größenverhältnisses angenommen werden.

Wird z.B. festgelegt, daß am Elektrogerät mit dem Widerstand $R_B = 1\ \Omega$ bei der gewählten Versorgungsspannung $z = 10$ V eine Spannung $x = 5$ V aufrechtzuerhalten ist und wird der dann vorliegende Vorwiderstand $y = 1\ \Omega$ nur wenig, nämlich nur um +0,05 Ω, vergrößert, so läßt sich unter Verwendung der angegebenen Kennliniengleichung das dann als konstant anzunehmende Größenverhältnis K_{PS0} wie folgt bestimmen:

$x = 5$ V	$y = 1\ \Omega$	$z = 10$ V
$x = 4{,}88$ V	$y = 1{,}05\ \Omega$	$z = 10$ V
$\Delta x = -0{,}12$ V	$\Delta y = +0{,}05\ \Omega$	

Änderungen

$$K_{PS0} = \frac{\Delta x}{\Delta y} = \frac{-0{,}12\ \text{V}}{+0{,}05\ \Omega} = -2{,}4\ \frac{\text{V}}{\Omega}$$

Somit ergibt sich als Proportion

$$\Delta x = K_{PS0}\, \Delta y = -2{,}4\ \Delta y$$

Kennlinienfeld für die Regelstrecke

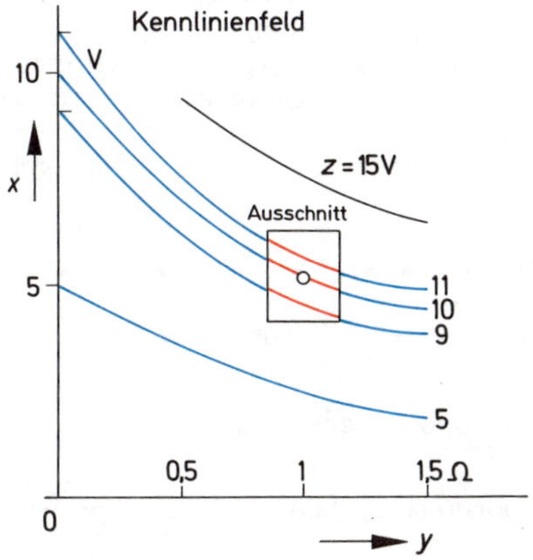

Regelstrecke bei der Regelung der Gerätespannung

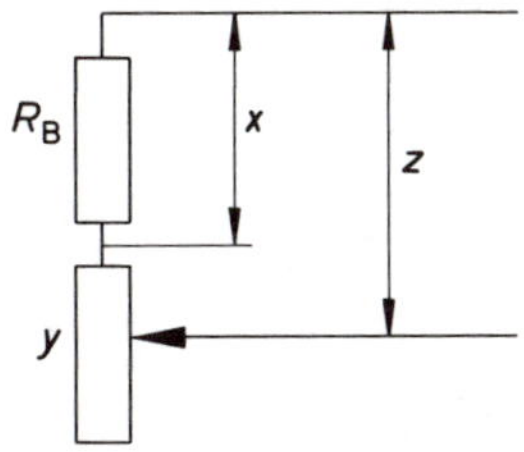

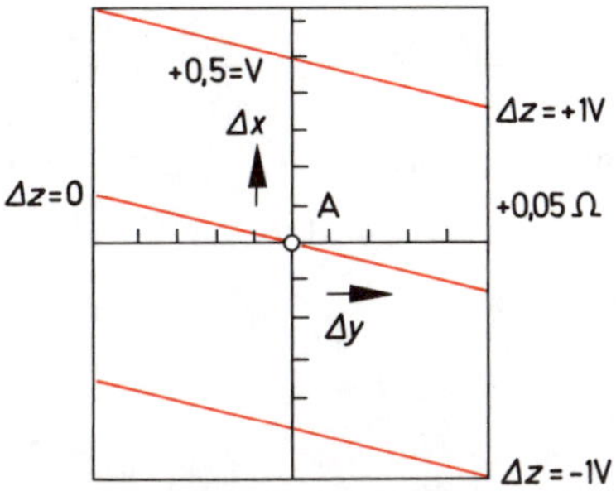

Ausschnitt aus dem Kennlinienfeld um den Arbeitspunkt A herum

Der Proportionalitätsfaktor K_{PS0} ergab sich dabei als Differenzenquotient.
Es galt

$$K_{PS0} = \frac{\text{Änderung von } x = \text{Differenz für } x}{\text{Änderung von } y = \text{Differenz für } y} = \frac{\Delta x}{\Delta y}$$

Bei der genauen Bestimmung von K_{PS0} ist gegenüber dem Differenzenquotienten der Differentialquotient zu errechnen. Es ist somit zu ermitteln

$$K_{PS0} = \frac{\text{unendlich kleine Änderung von } x}{\text{unendlich kleine Änderung von } y} = \frac{dx}{dy}$$

Mit Hilfe der Kennliniengleichung läßt sich ermitteln

$$K_{PS0} = \frac{dx}{dy} = -\frac{R_B}{(R_B + y)^2}\, z$$

Wird wieder als Widerstand des Elektrogerätes $R_B = 1\ \Omega$ gewählt, so gilt für den Arbeitspunkt bei der Aufrechterhaltung einer Gerätespannung $x = 5$ V:

$$y = 1\ \Omega \qquad z = 10\ \text{V}$$

So ergibt sich als exakter Wert

$$K_{PS0} = -\frac{1\ \Omega}{(1\ \Omega + 1\ \Omega)^2} \cdot 10\ \text{V} = -2{,}5\ \frac{\text{V}}{\Omega}$$

Die Sprungantwort

$$\Delta x = -2{,}5\ \Delta y$$

bedingt:

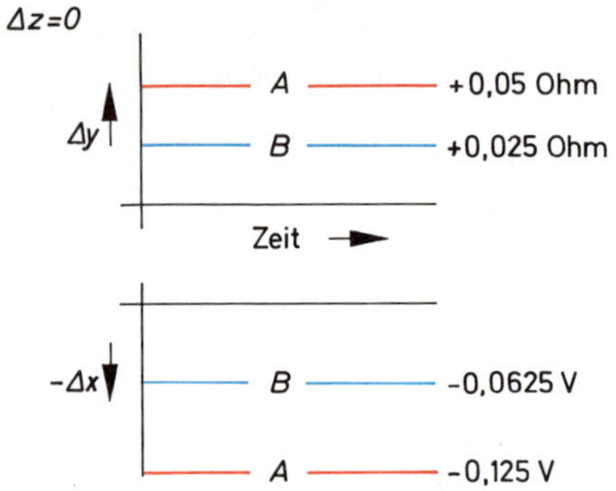

Die Sprungantwort

$$\Delta x = +0{,}5\ \Delta z$$

bedingt:

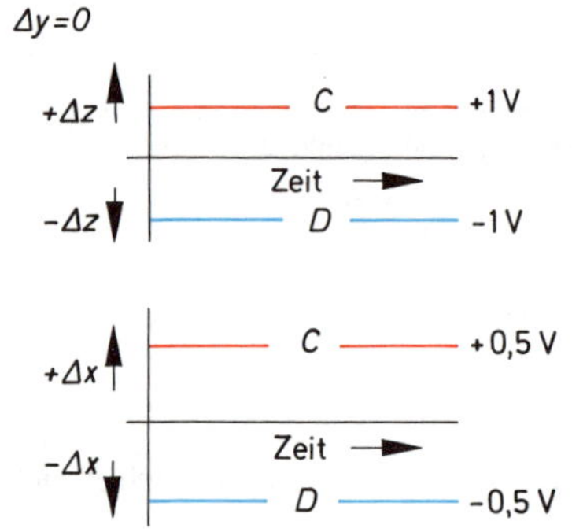

Als genauer bestimmte Proportion ergibt sich somit

$$\Delta x = -2{,}5\ \Delta y$$

Diese Proportion läßt ermitteln, wie sich die zu regelnde Spannung ändert, wenn der Vorwiderstand sprunghaft geändert wird.

> Die Proportion wird darum sinnvoll Sprungantwort genannt und gilt, wie angegeben, nur für einen bestimmten Arbeitspunkt.

So läßt sich mit der Sprungantwort z.B. feststellen, daß eine sprunghafte Vergrößerung des Vorwiderstandes um $\Delta y = 0{,}05\ \Omega$ eine sprunghafte Verminderung der zu regelnden Spannung um $\Delta x = -0{,}125$ V bedingt.
Auch für sprunghafte Störgrößenänderungen Δz läßt sich eine Sprungantwort in Form einer Proportion bestimmen. Von der Kennliniengleichung der vorliegenden Regelstrecke ausgehend ist zu ermitteln:

> $$x = \frac{R_B}{R_B + y}\, z \quad \text{entspricht}$$
>
> $$x = \text{Proportionalitätsfaktor} \cdot z$$
>
> $$\text{Proportionalitätsfaktor} \quad K_{PS1} = \frac{R_B}{R_B + y}$$

Für den gewählten Arbeitspunkt bei

$$x = 5\ \text{V}, \quad y = 1\ \Omega, \quad z = 10\ \text{V}$$

und

$$R_B = 1\ \Omega$$

ergibt sich

$$K_{PS1} = 0{,}5$$

Als Sprungantwort bezüglich Regelgrößenänderungen Δx und Störgrößenänderungen Δz kann somit festgestellt werden

$$\Delta x = 0{,}5\ \Delta z$$

Ändert sich somit z.B. die Versorgungsspannung störend um $\Delta z = -1$ V, so ergibt sich nach dieser Sprungantwort eine Regelgrößenänderung

$$\Delta x = -0{,}5\ \text{V}$$

Stell- und Störgrößenänderungen können sich gleichzeitig bemerkbar machen. So kann z.B. angenommen werden, daß der Vorwiderstand als Stellgröße um $\Delta y = +0{,}05\ \Omega$ vergrößert wird, während sich gleichzeitig die Versorgungsspannung als Störgröße um $\Delta z = -1$ V vermindert. Es gilt für diesen Fall:
Für die Regelgrößenänderung Δx_1 nach der Stellgrößenänderung Δy:

$$\Delta x_1 = -2{,}5\ \Delta y = -0{,}125\ \text{V}$$

Für die Regelgrößenänderung Δx_2 nach der Störgrößenänderung Δz

$$\Delta x_2 = 0{,}5\ \Delta z = -0{,}5\ \text{V}$$

Die Gesamtänderung Δx der Regelgröße beträgt somit

$$\Delta x = \Delta x_1 + \Delta x_2 = -0{,}125 - 0{,}5 = -0{,}625\ \text{V}$$

Verallgemeinernd kann festgestellt werden:

$$\Delta x_1 = K_{PS0}\,\Delta y$$
$$\Delta x_2 = K_{PS1}\,\Delta z$$
$$\Delta x = \Delta x_1 + \Delta x_2$$
$$\Delta x = K_{PS0}\,\Delta y + K_{PS1}\,\Delta z$$

Für den gewählten Arbeitspunkt gilt somit als Sprungantwort

$$\Delta x = -2{,}5\ \Delta y + 0{,}5\ \Delta z$$

Bei den bisherigen Betrachtungen wurde für die Regelung der Gerätespannung eine einzige Störgröße angenommen. Diese Störgröße war die Versorgungsspannung. Neben dieser Störgröße ist eine weitere Störgröße denkbar, der Gerätewiderstand. Der Gerätewiderstand könnte sich nämlich infolge Erwärmung des Elektrogerätes ändern, was ebenfalls die Gerätespannung störend beeinflussen würde. Wird dies berücksichtigt und wird nunmehr der Gerätewiderstand R_B als 2. Störgröße z_2, die Versorgungsspannung als 1. Störgröße z_1 genannt, so ist die Kennliniengleichung wie folgt zu ändern:

$$\text{aus}\quad x = \frac{R_B}{R_B + y}\,z \quad \text{wird}\quad x = \frac{z_2}{z_2 + y}\,z_1$$

Bei der damit notwendigen Ergänzung der Sprungantworten ist wie bisher vorzugehen. Somit ist vor allem der zutreffende Arbeitspunkt zu bestimmen. Von den bei diesem Arbeitspunkt geltenden Bedingungen ausgehend ist danach der Gerätewiderstand z_2 zu ändern, um feststellen zu können, wie sich die Änderung von z_2 auf die Regelgröße auswirkt. **Die Versorgungsspannung z_1 und der Vorwiderstand y bleiben dabei unverändert.** Werden kleine Änderungen von z_2, die Δz_2 genannt werden sollen, vorgenommen, so

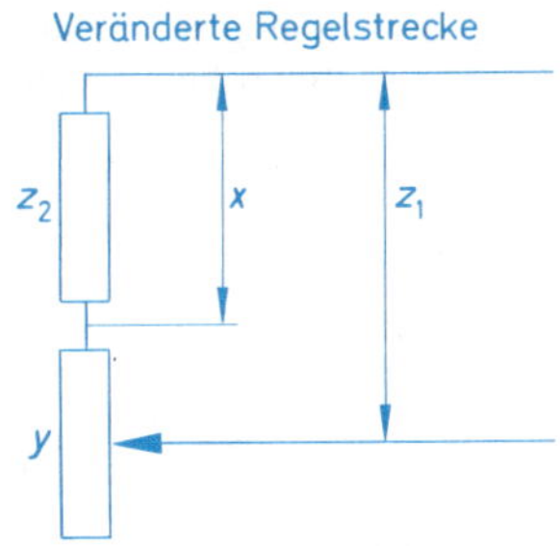

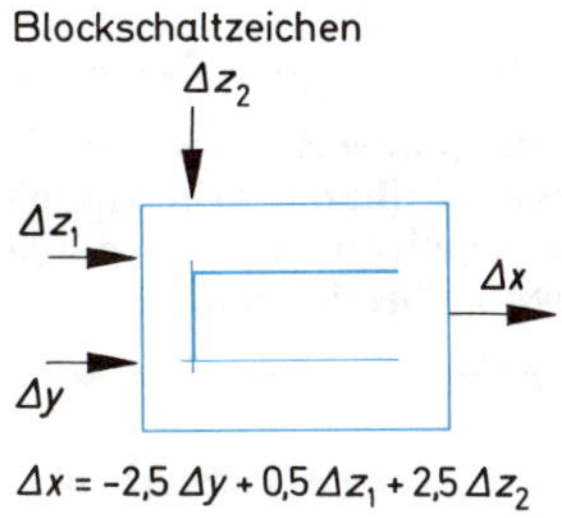

ist wieder anzunehmen, daß zwischen den sich ergebenden Änderungen der Regelgröße x, die wieder mit Δx bezeichnet werden sollen, und den Änderungen Δz_2 Proportionalität gegeben ist. Wird der dann zutreffende Proportionalitätsfaktor K_{PS2} genannt, so kann festgestellt werden:

$$\Delta x = K_{PS2}\,\Delta z_2$$

Der Proportionalitätsfaktor K_{PS2} läßt sich unter Verwendung der Kennliniengleichung wie folgt berechnen, wobei für den Arbeitspunkt angenommen wurde:

$$x = 5\ \text{V} \qquad y = 1\ \Omega$$
$$x = 5{,}12\ \text{V}$$
$$\Delta x = +0{,}12\ \text{V}$$

$$z_1 = 10\ \text{V} \qquad z_2 = 1\ \Omega$$
$$z_2 = 1{,}05\ \Omega$$
$$\Delta z_2 = +0{,}05\ \Omega$$

$$K_{PS2} = \frac{\Delta x}{\Delta z_2} = \frac{+0{,}12\ \text{V}}{+0{,}05\ \Omega} = 2{,}4\ \frac{\text{V}}{\Omega}$$

Eine genauere Berechnung mit Hilfe der Differentialrechnung erlaubt zu bestimmen:

$$K_{PS2} = \frac{z_1 y}{(z_2 + y)^2} = \frac{10\,\text{V} \cdot 1\,\Omega}{(1\,\Omega + 1\,\Omega)^2} = 2{,}5\,\frac{\text{V}}{\Omega}$$

Für die Sprungantwort unter Berücksichtigung von z_2 gilt somit:

$$\Delta x = -2{,}5\,\Delta y + 0{,}5\,\Delta z_1 + 2{,}5\,\Delta z_2$$

Verallgemeinernd ergibt sich:

$$\Delta x = K_{PS0}\,\Delta y + K_{PS1}\,\Delta z_1 + K_{PS2}\,\Delta z_2 \ldots$$

Die Sprungantwort gilt jeweils immer nur für einen wählbaren Arbeitspunkt. Ändert sich der Arbeitspunkt, so ist die Sprungantwort neu zu bestimmen.

Das so beschriebene Zeitverhalten der Regelstrecke, das ergab, zu welchen Regelgrößenänderungen es nach sprunghaftem Stell- und Störgrößenänderungen kommt, kann zeichnerisch durch ein **Blockschaltzeichen** symbolisiert werden.
Bei der vorliegenden Regelung einer Gerätespannung wurde als Regler ein Spannungsmeßwerk angenommen. Jede Änderung der angelegten Spannung bedingt bei diesem Meßwerk eine Änderung des Zeigerausschlages. Es ist vorstellbar, daß bei dem angenommenen Spannungsregler mit dem Zeiger des Meßwerks der Vorwiderstand verstellt und so die Regelgröße sinngemäß beeinflußt werden kann. **Erhöht sich die Gerätespannung, so ist mit dem Zeiger der Vorwiderstand zu vergrößern. Bei sinkender Gerätespannung ist durch den Zeiger der Vorwiderstand zu verkleinern.**
Dies ist zwar denkbar, jedoch im allgemeinen praktisch nicht zu erreichen, denn das beim Meßwerk zu erwartende Drehmoment wird meist nicht für die Verstellung des Vorwiderstandes ausreichen. Für die folgenden Überlegungen sei jedoch angenommen, dem Meßwerk würde es möglich sein, den Vorwiderstand zu verstellen.

Soll nun der so angenommene Regler regelungstechnisch gekennzeichnet werden, so ist wieder das zu bestimmen, auf das es regelungstechnisch ankommt, das Zeitverhalten. Wie bei der Regelstrecke soll wieder für die Ermittlung des Zeitverhaltens die Sprungantwort bestimmt werden. Es soll somit festgestellt werden, was und wann mit dem Vorwiderstand als Ausgangsgröße geschieht, wenn die zu regelnde Gerätespannung als Eingangsgröße sprunghaft geändert wird.
Dabei kann angenommen werden, daß sich ein geänderter Zeigerausschlag und damit eine Vorwiderstandsverstellung nach einer Änderung der Regelgröße verzögerungsarm ergibt. Die Frage nach dem Wann kann also ausgeklammert werden. Bleibt zu fragen, was geschieht. Die Antwort auf diese Frage wird im vorliegenden Fall am zweckmäßigsten experimentell bestimmt.
Dazu ist festzustellen, welche Änderungen Δy des Vorwiderstandes y sich ergeben, wenn Änderungen Δx der Regelgröße x vorgenommen werden. Wie bei der Ermittlung der Sprungantwort der Regelstrecke kann wieder, zumindest bei kleinen Änderungen, annähernd Proportionalität zwischen den Änderungen angenommen werden. Es ist dann ein Proportionalitätsfaktor zu bestimmen, der K_{PR0} genannt werde. Bewirkt z.B. eine Vergrößerung der Gerätespannung um $\Delta x = +0{,}2$ V eine Vergrößerung des Vorwiderstandes um $\Delta y = 0{,}1\,\Omega$, so gilt für den Proportionalitätsfaktor

$$K_{PR0} = \frac{\Delta y}{\Delta x} = \frac{0{,}1\,\Omega}{0{,}2\,\text{V}} = 0{,}5\,\frac{\Omega}{\text{V}}$$

Als Sprungantwort für den Regler ergibt sich folglich

$$\Delta y = 0{,}5\,\Delta x$$

Da nach dieser Sprungantwort für diesen Regler die Stellgrößenänderungen Δy zu den Regelgrößenänderungen Δx proportional sind, wird sinnvoll der Regler **proportional wirkender Regler, kurz *P*-Regler,** genannt. Zur Symbolisierung dieses Zeitverhaltens ist wieder ein Blockschaltzeichen zu wählen, das die Sprungantwort aufweist.

Das ist das gleiche Blockschaltzeichen, wie es schon für die verzögerungsarme Regelstrecke gewählt wurde. **Das zeigt, daß es regelungstechnisch nicht darauf ankommt, ob es sich um das Blockschaltzeichen einer Regelstrecke oder eines Reglers handelt.** Ist das Zeitverhalten zweier Regelkreisteile gleich, so gleichen sich auch die Blockschaltzeichen. Bei dieser gemeinsamen Kennzeichnung kann einheitlich von verzögerungsarmen *P*-Gliedern gesprochen werden.

> Blockschaltzeichen sind somit „regelungstechnische Visitenkarten" der Regelkreisteile, wobei zusammenfassend festgestellt werde, daß bei ihnen grafisch dargestellt wird, wie sich die Ausgangsgröße nach einer sprunghaften Änderung der Eingangsgröße verhält. Bei verzögerungsarmen *P*-Gliedern kommt es nach einer sprunghaften Änderung der Eingangsgröße ebenfalls zu einer sprunghaften Änderung der Ausgangsgröße, die im Blockschaltzeichen dargestellt wird.

Was für Konsequenzen bedingt nun das Verhalten des verzögerungsarmen *P*-Reglers? Was hat die Proportionalität zwischen den Stell- und Regelgrößenänderungen für Folgen? Durch die Beschreibung eines Regelungsvorganges sei die Antwort gegeben.
Dabei werde angenommen, die Gerätespannung habe sich gegenüber einem gewünschten Sollwert von 5 V erhöht, weil die Versorgungsspannung störend von 10 V auf 11 V zugenommen hat. Um dieser Vergrößerung der Versorgungsspannung entgegenzuwirken, hat das Meßwerk als Regler den Vorwiderstand zu vergrößern. Diese Vergrößerung des Vorwiderstandes durch den Regler ist jedoch nur möglich, indem sich der Zeiger des Meßwerks entsprechend bewegt. Der Zeiger des Meßwerks bewegt sich aber nur, wenn die am Meßwerk liegende Spannung sich ändert. Es muß somit eine Regelgrößenänderung hingenommen werden. Die bei einem *P*-Regler zwischen den Stellgrößenänderungen und den Regelgrößenänderungen gegebene Proportionalität bedingt eben, daß jede Stellgrößenänderung durch eine Regelgrößenänderung „bezahlt" werden muß.
Die so durch das Verhalten des *P*-Reglers bedingte **bleibende Abweichung der Regelgröße vom Sollwert wird sinnvoll *P*-Abweichung genannt.** Wie groß diese *P*-Abweichung ist, soll nunmehr berechnet werden. Dazu dienen die ermittelten Sprungantworten der Regelstrecke und des Reglers. Bei dem gewählten Arbeitspunkt für die Gerätespannung von 5 V galt als Sprungantwort der Regelstrecke

$$\Delta x = -2{,}5\,\Delta y + 0{,}5\,\Delta z_1 + 2{,}5\,\Delta z_2$$

Angenommene Sprungantwort des *P*-Reglers war

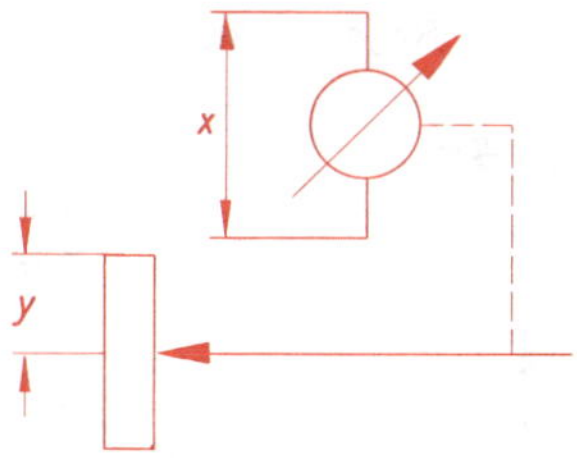

verzögerungsarmer P-Regler

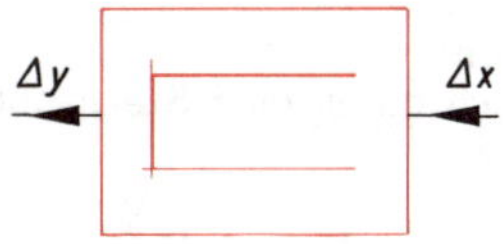

$\Delta y = 0{,}5\,\Delta x$

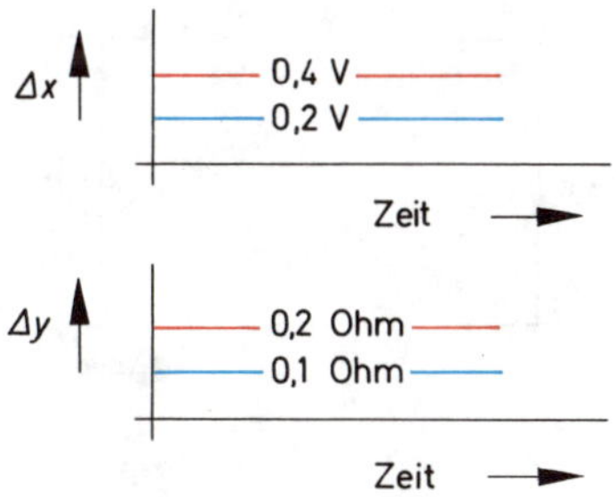

$$\Delta y = 0{,}5\,\Delta x$$

Gesucht ist nun eine Beziehung zwischen Störgrößenänderungen und den dadurch bedingten bleibenden Regelgrößenänderungen.

> Eine Aussage über das Verhalten der Regelgröße nach Störgrößenänderungen wird Störverhalten genannt.

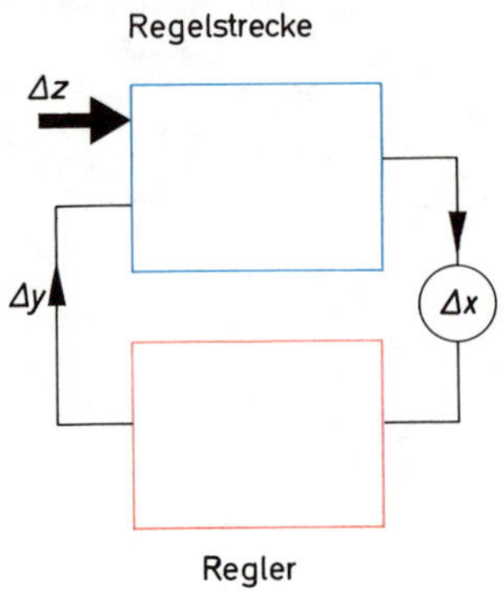

Störverhalten:
Δx ergibt sich durch eine Störgrößenänderung Δz

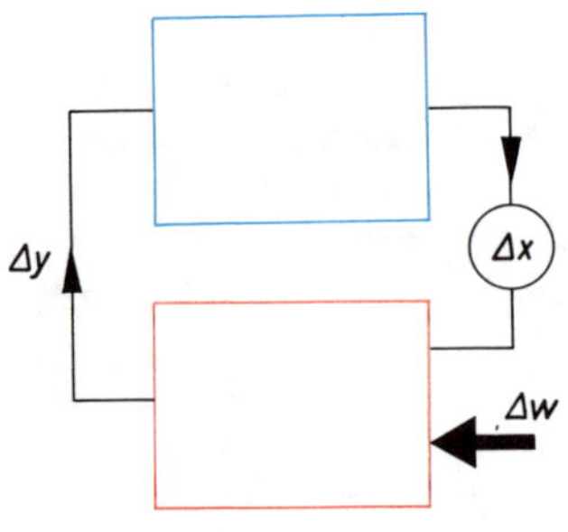

Führungsverhalten:
Δx ergibt sich durch eine Führungsgrößenänderung Δw, d.h. durch eine Sollwertänderung

Dem Störverhalten ist das Führungsverhalten gegenüberzustellen.

> Das Führungsverhalten ist eine Aussage über das Verhalten der Regelgröße nach Führungsgrößenänderungen, das heißt, nach Sollwertänderungen.

Die Ermittlung des Führungsverhaltens erfolgt ganz ähnlich wie die Bestimmung des Störverhaltens. Darum wird im vorliegenden Buch bei der Untersuchung des Verhaltens der einzelnen Regelkreise nur das Störverhalten beschrieben.
Für die Bestimmung des Störverhaltens der vorliegenden Spannungsregelung werde angenommen, die Versorgungsspannung erhöhe sich störend um

$$\Delta z_1 = +1 \text{ V}$$

Gleichzeitig erhöhe sich der Gerätewiderstand störend um

$$\Delta z_2 = +0{,}05\ \Omega$$

Wird die Sprungantwort des angenommenen *P*-Reglers bei der Sprungantwort der Regelstrecke berücksichtigt, so ergibt sich

$$\Delta x = -2{,}5\,(0{,}5\,\Delta x) + 0{,}5\,\Delta z_1 + 2{,}5\,\Delta z_2$$

Daraus ergibt sich

$$\Delta x\,(1 + 2{,}5 \cdot 0{,}5) = 0{,}5\,\Delta z_1 + 2{,}5\,\Delta z_2$$

Somit erfolgt

$$\Delta x = \frac{0{,}5\,\Delta z_1 + 2{,}5\,\Delta z_2}{1 + 2{,}5 \cdot 0{,}5}$$

Werden nun die gewählten Störgrößenänderungen berücksichtigt, so ergibt sich für die *P*-Abweichung im vorliegenden Fall

$$\Delta x = \frac{0{,}5 \cdot 1 + 2{,}5 \cdot 0{,}05}{2{,}25} = 0{,}28 \text{ V}$$

Greift der *P*-Regler nicht ein, so gilt nur die Sprungantwort der Regelstrecke. Es kommt dann zu keinen Stellgrößenänderungen und $\Delta y = 0$. Für die in diesem Fall sich einstellende Regelgrößenänderung Δx kann festgestellt werden

$$\Delta x = 0{,}5\,\Delta z_1 + 2{,}5\,\Delta z_2$$

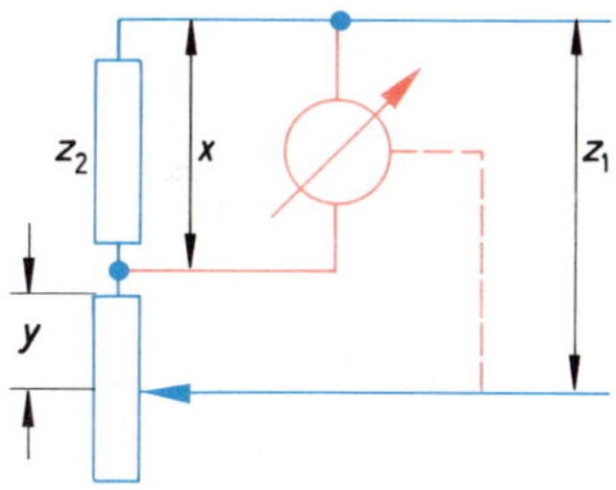

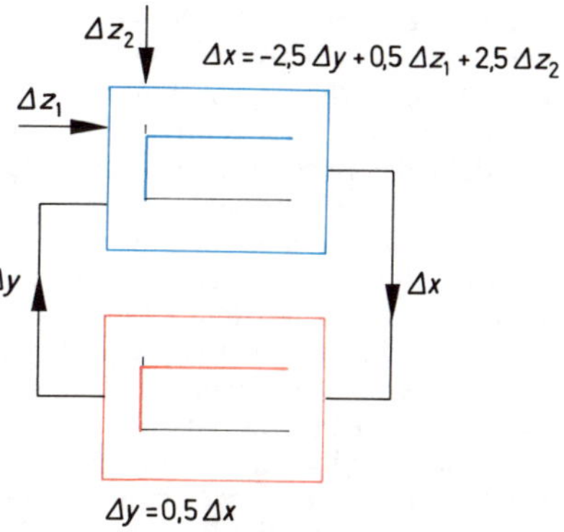

Regelung der Gerätespannung und der Signalflußplan für ihr Störverhalten

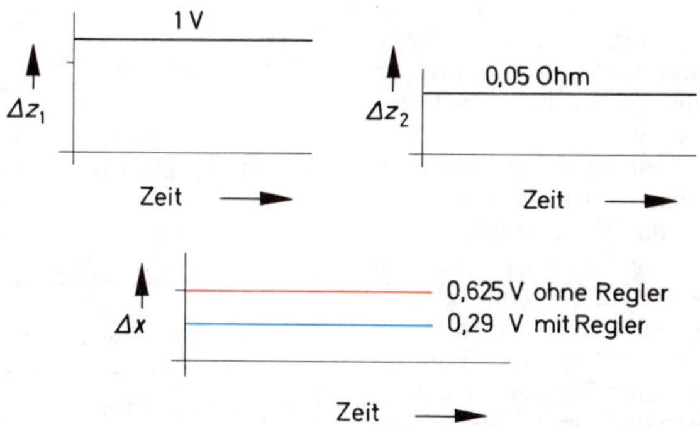

Bei Berücksichtigung der gewählten Störgrößenänderungen ist zu ermitteln

$$\Delta x = 0{,}5 \cdot 1 + 2{,}5 \cdot 0{,}05 = 0{,}625 \text{ V}$$

Für den Regelungstechniker kommt es nicht darauf an, ob es sich um einen elekrischen oder pneumatischen Regelkreisteil handelt. Entscheidend ist nur das Zeitverhalten des Regelkreisteiles. Wie gezeigt wurde, bewirkt z.B. an der Regelstrecke bei einer Spannungsregelung eine Vorwiderstandsänderung verzögerungsarm eine Änderung der zu regelnden Spannung. Wird andererseits in der kurzen Rohrleitung für eine Gaszufuhr ein Ventil verstellt, so ändert sich verzögerungsarm die Druckverteilung. Elektrische Schaltung und Gasrohrleitung sind somit regelungstechnisch einheitlich zu bewerten und zu kennzeichnen. In beiden Fällen handelt es sich eben um verzögerungsarme Regelkreisteile.

Der Elektrotechniker geht ähnlich vor und betrachtet alles mit einer „elektrotechnischen Brille". Ein Stück Kupferdraht ist für ihn nicht ein Stück Metall mit bestimmten Abmessungen, feststellbarem Gewicht und entsprechender Farbe. Für den Elektrotechniker ist der Kupferdraht ein ohmscher Widerstand, der durch ein Schaltzeichen entsprechend symbolisiert werden kann. Die gleiche Symbolisierung erfolgt bei jedem anderen ohmschen Widerstand, mag das z.B. ein Teil eines Fernsehgerätes oder eines Telefons sein. Ein ohmscher Widerstand ist für den Elektrotechniker ein ohmscher Widerstand, gleichgültig, welche äußere Form er hat. Analog ist in der Regelungstechnik zu verfahren, denn nur so kann allgemeingültig regelungstechnisch vorgegangen werden. Nur so kann auch genügend zukunftssicher Regelungstechnik gelernt werden. Die regelungstechnischen Geräte und Anlagen wandeln nämlich sehr schnell ihr Gesicht. Nicht selten ist ein regelungstechnisches Gerät nach ein oder zwei Jahren technisch überholt. Neue Fertigungsverfahren, neue Werkstoffe, neue Technologien wandeln die regelungstechnischen Geräte und Anlagen von Jahr zu Jahr.

Es kann darum heute noch nicht gesagt werden, wie die Regler und Regelungen in etwa zehn Jahren aussehen werden. Es mögen elektrische, pneumatische oder hydraulische Regler und Regelungen sein. Diese Regler und Regelungen sind heute noch nicht geboren.

Heute kann jedoch schon allgemeingültig festgestellt werden, nach welchen regelungstechnischen Prinzipien die Regler und Regelungen funktionieren werden. Es werden z.B. *P*-Regler sein, bei denen Regelgrößenänderungen proportionale Stellgrößenänderungen bewirken.

Dies soll nun nachgewiesen werden, indem der gezeigten **Spannungsregelung als elektronische Regelung eine maschinenbauliche Regelung in Form einer Druckregelung vor einem Gasbrenner gegenübergestellt wird.**

Der Regler hat bei steigendem Druck vor dem Brenner das Brennerventil zu schließen, bei sinkendem Druck hat er das Ventil zu öffnen.

Der sich so ergebende Regelkreis ist wieder in Regelstrecke und Regler aufzuteilen. Die Regelstrecke als der passive Teil des Regelkreises, in dem geregelt wird, ist im vorliegenden Fall die Rohrleitung mit dem Brenner und dem Brennerventil. Für diese Regelstrecke gilt es wieder, die Sprungantwort zu bestimmen.

Ausgangspunkt hierfür sei wie bei der beschriebenen Spannungsregelung die Kennliniengleichung.

Auf die Kennliniengleichung könnte auch verzichtet werden. Es würde genügen, wenn eine Tabelle, wie sie für die Regelstrecke bei der beschriebenen Spannungsregelung aufgestellt wurde, experimentell ermittelt würde. **Es geht jedoch bei den vorliegenden Betrachtungen nicht um verbindliche Vorausberechnungen, sondern nur um Informationen, bei denen die Mathematik lediglich Verständigungsmittel ist. Unter diesen Voraussetzungen kann eine einfache Kennliniengleichung abgeleitet werden.**

Dazu ist die vorliegende Regelstrecke als Druckstufung aufzufassen, durch die der Gasdruck vom Versorgungsdruck z über den zu regelnden Druck x auf den Druck p_2 in der Brennkammer abgestuft wird.

Es sei ϱ die Dichte (spez. Masse) des Gases, g die Erdbeschleunigung, v_1 und v_2 die Gasgeschwindigkeiten an den Drosselstellen, y und A_2 die Drosselquerschnitte. Dann gilt

$$z - x = \frac{v_1^2 \varrho}{2g}$$

$$x - p_2 = \frac{v_2^2 \varrho}{2g}$$

$$\frac{y}{A_2} = \frac{v_2}{v_1}$$

Daraus ergibt sich als Kennliniengleichung

$$x = \frac{z - p_2}{(A_2/y)^2 + 1} + p_2$$

Für frei gewählte Zahlenwerte ergibt sich folgende Tabelle als Auswertung der Kennliniengleichung:

Für x in bar, bei $A_2 = 10\,\text{mm}^2$ und $p_2 = 1$ bar

z in bar	y in mm² 10	18	20	22	30
1,5	1,25	1,38	1,4	1,41	1,45
1,7	1,35	1,53	1,56	1,58	1,63
1,75	1,375	1,57	1,6	1,62	1,675
1,8	1,4	1,61	1,64	1,66	1,72
1	1,5	1,76	1,8	1,83	1,9

Auch das weitere Vorgehen gleicht dem Vorgehen bei der beschriebenen Spannungsregelung, denn für beide Regelungen gilt ganz allgemein bezüglich der verzögerungsarmen Regelstrecken:

$$\Delta x = K_{PS0} \Delta y + K_{PS1} \Delta z$$

Wird für einen Arbeitspunkt gewählt

$$x = 1{,}6 \text{ bar} \quad y = 20 \text{ mm}^2 \quad z = 1{,}75 \text{ bar}$$

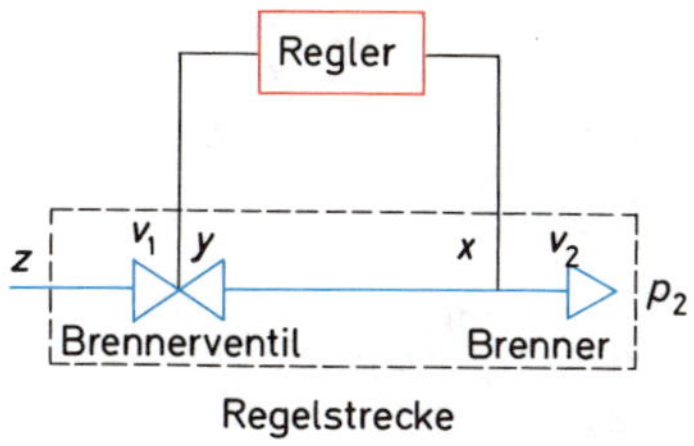

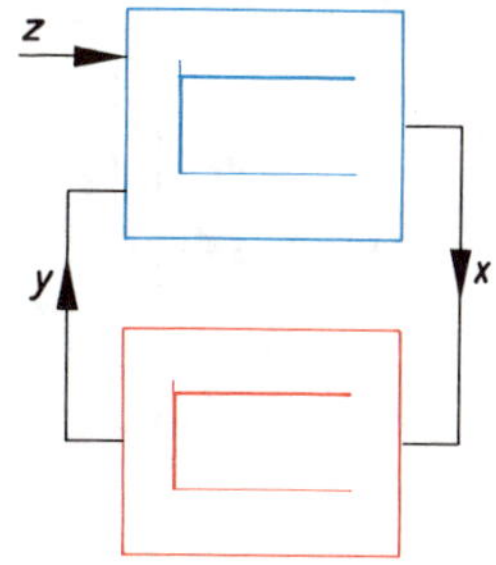

so kann festgestellt werden

$$K_{PS0} = \frac{2\,y\,A_2^2(z - p_2)}{(A_2^2 + y^2)^2} = \frac{2 \cdot 20 \cdot 10^2 \cdot 0{,}75}{(10^2 + 20^2)^2}$$

$$= 0{,}012\ \frac{\text{bar}}{\text{mm}^2}$$

$$K_{PS1} = \frac{1}{(A_2/y)^2 + 1} = 0{,}8$$

Zusammenfassend kann nun angegeben werden, daß die Sprungantwort für den gewählten Arbeitspunkt bei $x = 1{,}6$ bar

$$\Delta x = 0{,}012\ \Delta y + 0{,}8\ \Delta z$$

lautet.

Wie bei der beschriebenen Spannungsregelung kann auch bei der vorliegenden Druckregelung eine zweite Störgröße angenommen werden. Der Brennerquerschnitt A_2 könnte sich durch Verschmutzung störend verkleinern. Zum Versorgungsdruck als Störgröße z_1 käme dann der Brennerquerschnitt als Störgröße z_2. Kennliniengleichung der Regelstrecke ist dann

$$x = \frac{z_1 - p_2}{(z_2/y)^2 + 1} + p_2$$

Mit dieser Kennliniengleichung kann der Proportionalitätsfaktor K_{PS2} bestimmt werden. Dazu ist eine kleine Änderung Δz_2 der Störgröße z_2 anzunehmen und festzustellen, wie sich danach die Regelgröße x ändert, während die Stellgröße y und die Störgröße z_1 konstant gehalten werden.

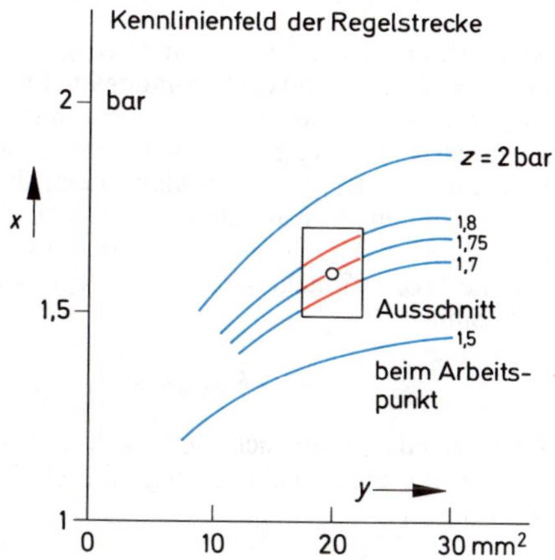

$$K_{PS2} = \frac{-2\,z_2\,y^2(z_1 - p_2)}{(z_2^2 + y^2)^2}$$

$$= \frac{2 \cdot 10 \cdot 20^2 \cdot 0{,}75}{(10^2 + 20^2)^2} = -0{,}024\ \frac{\text{bar}}{\text{mm}^2}$$

Ergänzte Sprungantwort bei der Aufrechterhaltung von $x = 1{,}6$ bar ist somit:

$$\Delta x = 0{,}012\ \Delta y + 0{,}8\ \Delta z_1 - 0{,}024\ \Delta z_2$$

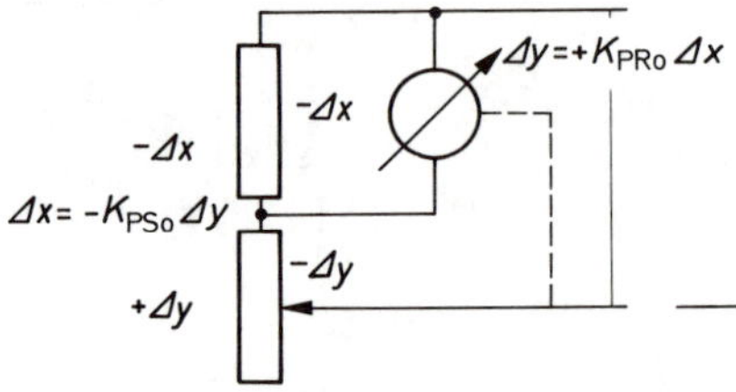

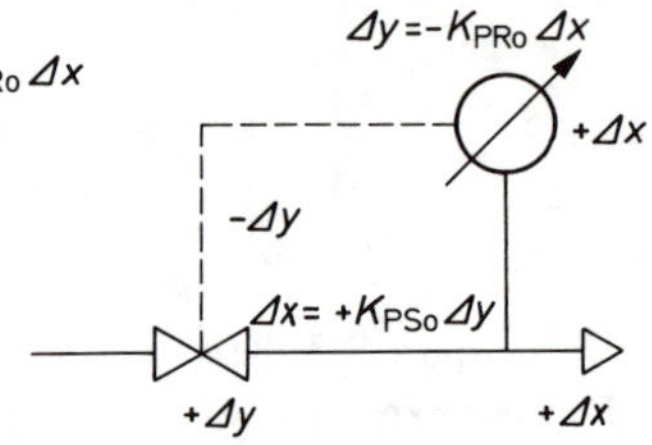

Verallgemeinernd gilt somit wieder

$$\Delta x = K_{PS0}\Delta y + K_{PS1}\Delta z_1 + K_{PS2}\Delta z_2$$

Analog zur beschriebenen Spannungsregelung, bei der vereinfachend ein Spannungsmeßwerk als Regler angenommen wurde, sei für die vorliegende Druckregelung ein Druckmesser, ein Manometer, der Regler. Das Manometer hat bei einer Erhöhung des zu regelnden Druckes um Δx das Ventil um Δy zu schließen. Wird der entsprechende Proportionalitätsfaktor K_{PR0} genannt, so gilt somit

$$\Delta y = -K_{PR0}\Delta x$$

Andererseits ergab sich bezüglich der Regelstrecke für die Druckregelung hinsichtlich der Vorzeichen

$$\Delta x = +K_{PS0}\Delta y$$

Bei der Spannungsregelung konnte festgestellt werden

$$\Delta y = +K_{PR0}\Delta x$$

$$\Delta x = -K_{PS0}\Delta y$$

Somit ist zu erkennen:

$-K_{PS0}$ bedingt $+K_{PR0}$
$+K_{PS0}$ bedingt $-K_{PR0}$

Wird nun z.B. als Sprungantwort für den Druckregler

$\Delta y = -40\ \Delta x$ (Δx in bar, Δy in mm^2)

gewählt, so kann bei der Verwendung dieses P-Reglers das Störverhalten des Regelkreises bestimmt werden, wenn angenommen wird

$$\Delta z_1 = 0{,}05 \text{ bar}, \quad \Delta z_2 = -1 \text{ mm}^2$$

Bei der Berücksichtigung der gewählten Sprungantwort der Regelstrecke kann festgestellt werden

$$\Delta x = 0{,}012(-40\,\Delta x) + 0{,}8\cdot 0{,}05 - 0{,}024(-1)$$

$$\Delta x\,(1 + 0{,}012\cdot 40) = 0{,}04 + 0{,}024$$

$$\Delta x = \frac{0{,}064}{1 + 0{,}48} = 0{,}043 \text{ bar}$$

Ohne Regler würde sich ergeben

$$\Delta x = 0{,}064 \text{ bar}$$

Zusammenfassend kann nun für alle Regelkreise mit einer verzögerungsarmen Regelstrecke und einem verzögerungsarmen P-Regler ausgesagt werden, wobei eine beliebige Anzahl von Störgrößen anzunehmen ist.
Dazu ist von folgenden Sprungantworten auszugehen

Regelstrecke
$\Delta x = \pm K_{PS0}\Delta y \pm K_{PS1}\Delta z_1 \pm K_{PS2}\Delta z_2 \ldots$

Regler
$\Delta y = \mp K_{PR0}\Delta x$

Für das Störverhalten des Regelkreises, im vorliegenden Fall die P-Abweichung, ergibt sich somit:

$$\Delta x = \pm K_{PS0}(\mp K_{PR0}\Delta x) \pm$$
$$\pm K_{PS1}\Delta z_1 \pm K_{PS2}\Delta z_2 \ldots$$
$$\Delta x\,(1 + K_{PS0}K_{PR0})$$
$$= \pm K_{PS1}\Delta z_1 \pm K_{PS2}\Delta z_2 \ldots$$
$$\Delta x = \frac{\pm K_{PS1}\Delta z_1 \pm K_{PS2}\Delta z_2 \ldots}{1 + K_{PS0}K_{PR0}}$$

Bei folgender Schreibweise

$$\Delta x = \frac{1}{1 + K_{PS0}K_{PR0}}\,Z_0$$
$$Z_0 = \pm K_{PS1}\Delta z_1 \pm K_{PS2}\Delta z_2 \ldots$$

wird

$$R = \frac{1}{1 + K_{PS0}K_{PR0}}$$

Regelfaktor genannt.
Regelgrößenänderung bei fehlendem Regler ist

$$\Delta x = \pm K_{PS1}\Delta z_1 \pm K_{PS2}\Delta z_2$$

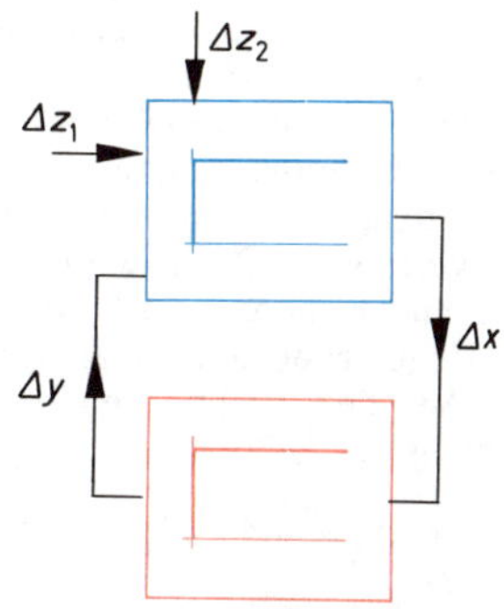

$\Delta y = \pm K_{PR0}\Delta x$

Um zu einer möglichst einfachen Darstellung der Zusammenhänge zu kommen, wurde angenommen, bei der beschriebenen Druckregelung sei der Regler ein Manometer, mit dessen Zeiger das Brennerventil verstellt wird. Das konnte jedoch nur gedanklich angenommen werden, denn das vom Manometer ausgehende Drehmoment reicht im allgemeinen für die **Ventilverstellung** nicht aus.
Das Manometer kann nun einen Verstärker steuern. Ist dieser Verstärker ein pneumatischer Verstärker, so werden durch den Verstärker Luftdruckänderungen bewirkt, mit denen das Ventil verstellt werden kann.
Zu diesen Luftdruckänderungen kann es z.B. kommen, wenn durch das Manometer eine Prallplatte verstellt wird, gegen die ein Druckluftstrom prallt, der aus einer Düse strömt. Je kleiner der Abstand der Prallplatte von der Düse ist, um so höher ist der vom Verstärker ausgehende Luftdruck.

Es könnte z.B. angenommen werden, daß durch das Manometer der Abstand der Prallplatte von der Düse um $\Delta e_K = -0{,}4$ mm verzögerungsarm verkleinert wird, wenn der zu regelnde Druck sich sprunghaft um $\Delta x = +0{,}1$ atü erhöht. Ergänzend kann angenommen werden, daß die Abstandsänderungen Δe_K und die Druckänderungen Δx für einen kleinen Änderungsbereich zueinander proportional sind.
Wird der dann festzustellende Proportionalitätsfaktor K_{Pm} genannt, so gilt als Sprungantwort des Manometers

$$\Delta e_K = -K_{Pm}\Delta x$$

Bei Berücksichtigung des gewählten Wertepaares ergibt sich

$$\Delta e_K = -4\,\Delta x$$

Eine Sprungantwort läßt sich auch für den Verstärker bestimmen. Es werde dabei angenommen, der Verstärker reagiere wie das Manometer verzögerungsarm. Sprungantwort für den Verstärker ist dann bei einem kleinen Änderungsbereich eine Proportion zwischen den Abstandsänderungen Δe_K und den vom Verstärker ausgehenden Luftdruckänderungen, die Δy_R genannt werden sollen.
Wird der Proportionalitätsfaktor mit K_{PV} bezeichnet, so ergibt sich als Sprungantwort

$$\Delta y_R = K_{PV}\Delta e_K$$

Es könnte z.B. gewählt werden:

$$\Delta y_R = -0{,}5\ \Delta e_K$$

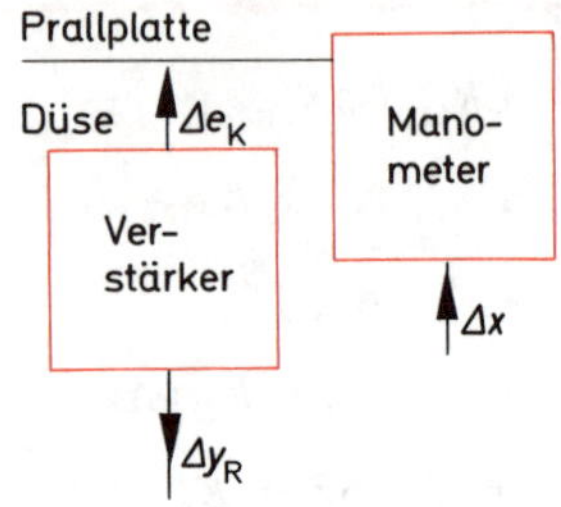

Eine Änderung des Abstandes der Prallplatte von der Düse um $\Delta e_K = -0{,}4$ mm würde dann eine Druckänderung um $\Delta y_R = +0{,}2$ bar bewirken. Soll nun die Sprungantwort des gesamten Reglers bestimmt werden, so ist ein Wirkungsablauf im Regler zu verfolgen. Dazu werde von einer Regelgrößenänderung $\Delta x = +0{,}1$ bar ausgegangen. Diese Regelgrößenänderung hat eine Verkleinerung Δe_K des Prallplattenabstandes zur Folge, für die gilt:

$$\Delta e_K = -4\ \Delta x = -4 \cdot 0{,}1 = -0{,}4 \text{ mm},$$

allgemein:

$$\Delta e_K = -K_{Pm}\,\Delta x$$

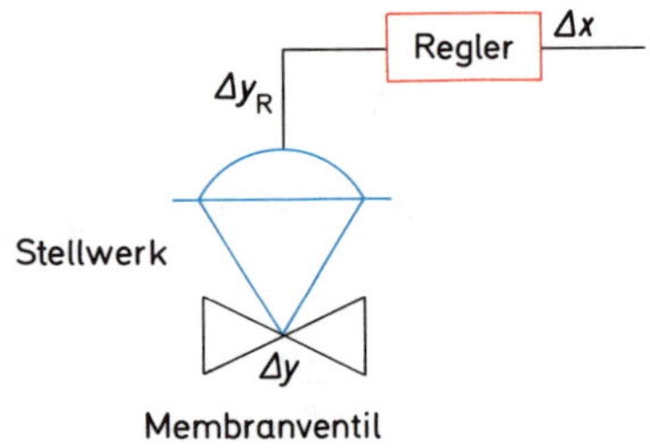

Die Abstandsänderung Δe_K bewirkt am Ausgang des Verstärkers eine Druckänderung Δy_R, für sie gilt:

$$\Delta y_R = -0{,}5\ \Delta e_K = (-0{,}5)\ (-4) \cdot \Delta x = +0{,}2 \text{ bar}$$

allgemein:

$$\Delta y_R = -K_{PV}\,\Delta e_K = K_{PV}\,K_{Pm}\,\Delta x$$

Für den gesamten Regler ist somit festzustellen, daß eine Regelgrößenänderung $\Delta x = +0{,}1$ bar am Ausgang eine Druckänderung $\Delta y_R = +0{,}2$ bar bewirkt. Wird der Proportionalitätsfaktor des gesamten Reglers K_{PR0} genannt, so gilt folglich

$$\Delta y_R = K_{PR0}\,\Delta x$$

$$\Delta y_R = (-0{,}5)\,(-4)\,\Delta x = 2\,\Delta x$$

allgemein:

$$\Delta y_R = K_{PV}\,K_{Pm}\,\Delta x$$

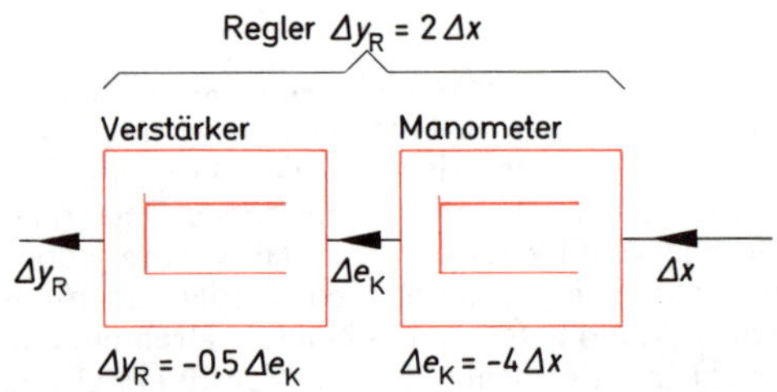

Damit kann festgestellt werden:

$$K_{PR0} = K_{PV}\,K_{Pm}$$

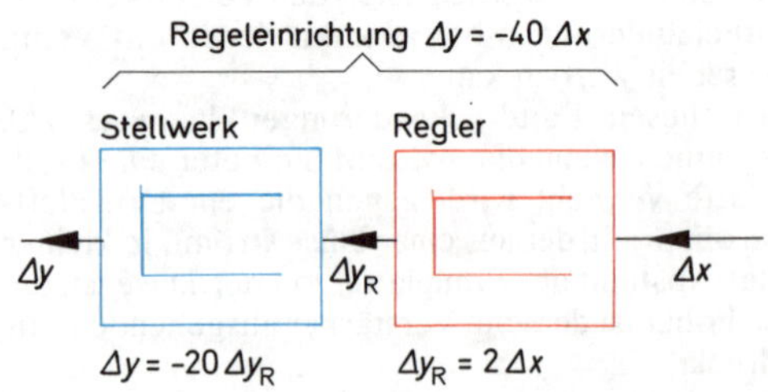

Die vom Regler ausgehenden Luftdruckänderungen Δy_R können einem Membranventil zugeführt werden. Je größer die Luftdruckänderungen Δy_R sind, um so stärker sind die Änderungen Δy des Ventilquerschnitts, die durch die Membran

über eine entsprechende Mechanik bewirkt werden. Die Membran mit der Verstellmechanik kann Stellwerk des Ventils genannt werden.
Vereinfachend werde angenommen, daß es bei dem Stellwerk nach einer sprunghaften Luftdruckvergrößerung $+\Delta y_R$ verzögerungsarm zu einer proportionalen Verminderung $-\Delta y$ des Ventilquerschnitts kommt.
Wird der Proportionalitätsfaktor K_{Py} genannt, so ergibt sich als Sprungantwort des Stellwerks

$$\Delta y = -K_{Py}\,\Delta y_R$$

Es könnte z.B. gelten

$$\Delta y = -20\ \Delta y_R$$

Eine Luftdruckvergrößerung um $\Delta y_R = +0{,}1$ bar bewirkt dann über das Stellwerk eine Verkleinerung $\Delta y = -2\ \text{mm}^2$ des Ventilquerschnittes.
Ist nun das Stellwerk der Regelstrecke oder dem Regler zuzuordnen? Man könnte verständlicherweise der Meinung sein, das Stellwerk gehört zum Ventil und damit zur Regelstrecke. Jedoch auch als Teil des Reglers könnte das Stellwerk angesehen werden. Regler und Stellwerk würden dann eine Einheit bilden, die Regeleinrichtung zu nennen ist.
Die Sprungantwort für die Regeleinrichtung kann wie die Sprungantwort des Reglers bestimmt werden, der aus dem Manometer und dem Verstärker bestand.
In der Regeleinrichtung ist somit wie beim Regler ein Wirkungsablauf zu verfolgen. Dazu kann z.B. von einer Regelgrößenänderung $\Delta x = +0{,}1$ bar ausgegangen werden. Diese Regelgrößenänderung bewirkt am Ausgang des Reglers eine Luftdruckerhöhung Δy_R, für die nach der Sprungantwort des Reglers gilt

$$\Delta y_R = 2\ \Delta x = 2 \cdot 0{,}1 = 0{,}2\ \text{bar}$$

$$\text{allgemein: } \Delta y_R = K_{PR0}\,\Delta x$$

Diese Druckerhöhung Δy_R bewirkt über das Stellwerk eine Verkleinerung $-\Delta y$ des Ventilquerschnittes, für die gilt

$$\Delta y = -20\ \Delta y_R = -20 \cdot 2\ \Delta x = -4\ \text{mm}^2$$

$$\text{allgemein: } \Delta y = -K_{Py}\,\Delta y_R = K_{PR0}\,\Delta x$$

Wird der Proportionalitätsfaktor für die Sprungantwort der Regeleinrichtung, der Proportionalitätsfaktor zwischen Δy und Δx, mit K_{PE} bezeichnet, so ergibt sich für die Sprungantwort der Regeleinrichtung

$$\Delta y = K_{PE}\,\Delta x = -K_{Py}\,K_{PR0}\,\Delta x$$

$$= -20 \cdot 2\ \Delta x = -40\ \Delta x$$

Der Gesamt-Proportionalitätsfaktor K_{PE} ergibt sich als Produkt der Teilfaktoren $-K_{Py}$ und K_{PR0}.

Es wurde nunmehr gezeigt, wie Regelkreisteile zusammenzufassen sind. Es dürften somit weitere Zusammenfassungen verständlich sein.

Durch diese Zusammenfassungen ist nachzuweisen, daß die Aufteilung von Regelkreisteilen auf Regler und Reglerstrecke willkürlich erfolgen kann. Es ist folglich freibleibend, das Stellwerk als Teil des Reglers oder als Teil der Regelstrecke anzusehen.

Welches Störverhalten der Regelkreis aufweist, wenn das Stellwerk zum Regler geschlagen wird, zeigte sich bereits. Vorausschauend wurde nämlich bei den bisherigen Betrachtungen über das Störverhalten der Druckregelung für den Regler eine Sprungantwort gewählt, wie sie sich jetzt für die Regeleinrichtung ergab.
Kommt das Stellwerk zur Regelstrecke, so ist eine Änderung Δy_R des am Membranventil bewirkten Druckes Eingangsgrößenänderung. Die Verfolgung des Wirkungsablaufes nach einer solchen Eingangsgrößenänderung führt zur gesuchten Zusammenfassung von Stellwerk und Regelstrecke. Die Änderung betrage z.B.

$$\Delta y_R = +0{,}1\ \text{bar}$$

Sie bewirkt eine Änderung Δy des Ventilquerschnittes. Die Sprungantwort des Stellwerks gibt an, welche Querschnittsänderung Δy erfolgt. Es gilt

$$\Delta y = -20\ \Delta y_R = -20 \cdot 0{,}1 = -2\ \text{mm}^2$$

Für den weiteren Wirkungsablauf ist die Sprungantwort der Regelstrecke bestimmend. Für sie wurde gewählt:

$$\Delta x = 0{,}012\ \Delta y + 0{,}8\ \Delta z$$

Allgemein:

$$\Delta x = K_{PS0}\,\Delta y + K_{PS1}\,\Delta z$$

somit bewirkt die ermittelte Änderung Δy des Ventilquerschnittes

$$\Delta x = 0{,}012\,(-20\,\Delta y_R) + 0{,}8\,\Delta z$$
$$= -0{,}24\,\Delta y_R + 0{,}8\,\Delta z$$

Allgemein:

$$\Delta x = -K_{PS0}\,K_{Py}\,\Delta y_R + K_{PS1}\,\Delta z$$

Zusammenfassende Gegenüberstellung:
Eine Störgrößenänderung $\Delta z = +0{,}05$ bar führt in beiden Fällen zur gleichen *P*-Abweichung $\Delta x = +0{,}027$ bar. Der Druck vor dem Brenner erhöht sich bleibend von 1,6 auf 1,627 bar.

Stellwerk wird zum Regler geschlagen

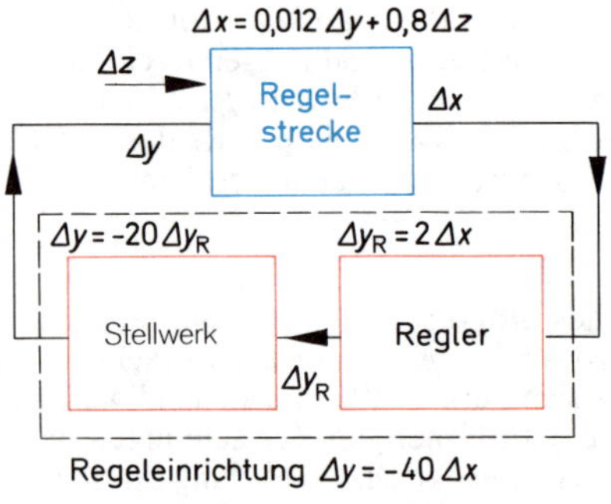

$$\Delta x = 0{,}012\,\Delta y + 0{,}8\,\Delta z$$
$$\Delta y = -40\,\Delta x$$
$$\Delta x = \frac{0{,}8\,\Delta z}{1 + 0{,}012 \cdot 40}$$

bei $\Delta z = +0{,}05$ bar
$\Delta x = +0{,}027$ bar

Stellwerk wird zur Regelstrecke geschlagen

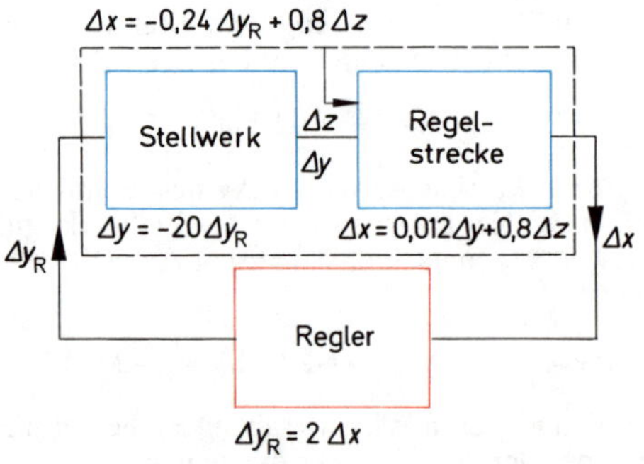

$$\Delta x = -0{,}24\,\Delta y_R + 0{,}8\,\Delta z$$
$$\Delta y_R = 2\,\Delta x$$
$$\Delta x = \frac{0{,}8\,\Delta z}{1 + 0{,}24 \cdot 2}$$

bei $\Delta z = +0{,}05$ bar
$\Delta x = +0{,}027$ bar

Für die bisher untersuchten Regelkreise kam es zu Ergebnissen, die dem Lernenden mit Recht als unbefriedigend erscheinen müssen. Es zeigte sich ja, daß bei der Verwendung eines *P*-Reglers eine Störgrößenänderung zu einer bleibenden Regelgrößenänderung führt, die *P*-Abweichung genannt wird.
Der Lernende wird auch behaupten können, daß er selbst besser regeln könnte als ein *P*-Regler. Er kann unwiderlegbar beweisen, daß mit keiner *P*-Abweichung zu rechnen ist, wenn er sich selbst z.B. um die Druckregelung vor dem Brenner bemüht.
Der Lernende kann den Druck vor dem Brenner laufend mit einem Manometer messen. Stellt sich dabei ein gegenüber dem gewählten Druck-Sollwert höherer Druck ein, so kann, wie leicht einzusehen ist, der Lernende das Ventil entsprechend schließen. Bei sinkendem Druck kann er das Ventil öffnen. Es kann dabei das Ventil solange verstellt werden, bis der gewünschte Sollwert, z.B. 1,6 bar erreicht ist.
Der Lernende erkennt jedoch nur die halbe Wahrheit. Der Lernende beurteilt im vorliegenden Fall Regelungen nur nach der zu erzielenden Genauigkeit. Es wird aber noch zu zeigen sein, daß Regelung auch nach der zu erzielenden Stabilität zu beurteilen sind.
Doch zunächst soll der Druck vor dem Brenner durch den Lernenden als Bedienungsmann geregelt werden. Genauer gesagt, es soll das Störverhalten des Regelkreises mit dem Lernenden als Regler untersucht werden. Es soll also eine Regelung von Hand verfolgt werden.
Liegt der Sollwert 1,6 bar der Regelgröße vor, so hat der Bedienungsmann keine Veranlassung, das Ventil zu verstellen. Die Verstellgeschwindigkeit ist Null. Kommt es dagegen zu einer Änderung der Regelgröße gegenüber dem Sollwert, so hat der Bedienungsmann dem entgegenzuwirken. Sinkt der Druck vor dem Brenner, so hat er das Ventil zu öffnen und z.B. den Ventilquerschnitt um $+5\ \text{mm}^2$ je Sekunde zu vergrößern. Die Änderung der Stellgeschwindigkeit, die $\Delta y'$ genannt werde, beträgt dann gegenüber dem Anfangswert $\Delta y' = 0$

$$\Delta y' = +5\ \text{mm}^2/\text{s}$$

Steigt der Druck vor dem Brenner, so hat der Bedienungsmann das Ventil zu schließen. Vermindert hierbei der Bedienungsmann z.B. den Ventilquerschnitt um $-5\ \text{mm}^2$ je Sekunde, so beträgt die Änderung $\Delta y'$ der Stellgeschwindigkeit gegenüber dem Anfangswert $\Delta y' = 0$

$$\Delta y' = -5\ \text{mm}^2/\text{s}$$

Wahrscheinlich wird sich die Änderung $\Delta y'$ der Stellgeschwindigkeit nach der Regelgrößenänderung Δx richten. Ist die Regelgrößenänderung Δx groß, so wird sich der Bedienungsmann beeilen und das Ventil schnell verstellen. Dann ist $\Delta y'$ groß. Eine kleine Regelgrößenänderung Δx bedingt folgerichtig ein kleines $\Delta y'$.
Um einfach zu überschauende Verhältnisse zu haben, werde angenommen, die jeweilige Änderung $\Delta y'$ der Stellgeschwindigkeit sei zur Regelgrößenänderung Δx proportional. Eine Verdoppelung von Δx bedingt somit eine Verdoppelung von $\Delta y'$, und eine Halbierung von Δx hat eine Halbierung von $\Delta y'$ zur Folge. Wird der sich so ergebende Proportionalitätsfaktor $K_{\text{IR}0}$ genannt, so gilt

$$\Delta y' = \pm K_{\text{IR}0}\,\Delta x$$

Wird z.B. angenommen, eine Erhöhung des Druckes vor dem Brenner von 1,6 auf 1,7 bar, also eine Erhöhung $\Delta x = +0{,}1$ bar, würde eine Änderung $\Delta y' = -5\ \text{mm}^2/\text{s}$ der Stellgeschwindigkeit bedingen, so gilt

$$K_{\text{IR}0} = \frac{\Delta y'}{\Delta x} = \frac{-5\ \text{mm}^2/\text{s}}{+0{,}1\ \text{bar}} = -50\ \frac{\text{mm}^2/\text{s}}{\text{bar}}$$

Damit ergibt sich die Proportion

$$\Delta y' = 50\ \Delta x$$

als Sprungantwort für das Verhalten des Bedienungsmannes. Sie gibt an, was und wann durch den Bedienungsmann geschieht. Sie läßt z.B. erkennen, daß der Bedienungsmann bei einer Regelgrößenänderung $\Delta x = +0{,}1$ bar den Ventilquerschnitt in 2 s um $10\ \text{mm}^2$ verkleinert.
Es wurde angenommen, daß mit einem Bedienungsmann, dessen Verhalten gekennzeichnet wurde, vor dem Brenner ein Druck von 1,6 bar aufrechtzuerhalten ist. Dann sind zusammenfassend folgende Sprungantworten gegenüberzustellen:

Für die Regelstrecke:

$$\Delta x = 0{,}012\ \Delta y + 0{,}8\ \Delta z$$

Für den Regler:

$$\Delta y' = -50\ \Delta x$$

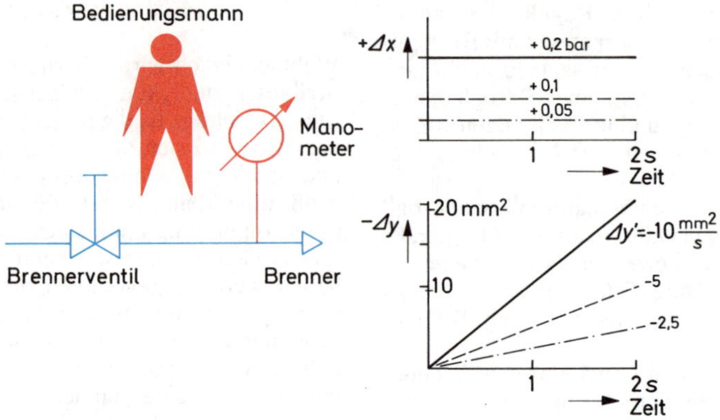

Von diesen Sprungantworten ist auszugehen, wenn nunmehr das Störverhalten des mit dem Bedienungsmann gebildeten Regelkreises bestimmt werden soll. Um den Vergleich mit dem Regelkreis unter Verwendung eines *P*-Reglers zu ermöglichen, sei angenommen, daß sich wieder der Versorgungsdruck störend von 1,75 auf 1,8 bar, also um $\Delta z = 0{,}05$ bar erhöhe.

Da eine verzögerungsarme Regelstrecke vorliegt, wird sich diese Störgrößenänderung sofort als Regelgrößenänderung Δx_0 auswirken. Dem Bedienungsmann bleibt keine Zeit zur Reaktion. Die Störgrößenänderung wirkt sich somit zunächst so aus, wie wenn der Bedienungsmann als Regler nicht da wäre. Für den Zeitpunkt $t = 0$ ist somit die Sprungantwort der Regelstrecke allein bestimmend, wobei $\Delta y = 0$ ist, denn es kommt ja eben zunächst zu keiner Ventilverstellung durch den Bedienungsmann. Für Δx_0 ergibt sich somit

$$\Delta x_0 = 0{,}012 \cdot 0 + 0{,}8\ \Delta z = 0{,}8 \cdot 0{,}05$$
$$= 0{,}04 \text{ bar}$$

Der Druck vor dem Brenner erhöht sich somit unmittelbar nach der Störgrößenänderung von 1,6 auf 1,64 bar. Dem Bedienungsmann wird dies durch das Manometer angezeigt. Er wird daraufhin sofort mit dem Schließen des Ventils beginnen. Mit welcher Geschwindigkeit dies geschieht, richtet sich nach der angenommenen Sprungantwort für das Verhalten des Bedienungsmannes. Durch sie ergibt sich, wenn die so zu bestimmende Änderung der Stellgeschwindigkeit $\Delta y_1'$ genannt wird

$$\Delta y' = -50 \cdot 0{,}04 = -2 \text{ mm}^2/\text{s}$$

Wird diese Geschwindigkeitsänderung durch den Bedienungsmann für die 1. Sekunde aufrechterhalten, so kommt es in dieser Sekunde zu einer Änderung Δy_1 des Ventilquerschnittes, für die gilt

$$\Delta y_1 = -2 \text{ mm}^2$$

Diese Stellgrößenänderung Δy_1 hat zur Folge, daß die Regelgrößenänderung Δx_0 abgebaut wird. Auf welchen Wert der Abbau erfolgt, läßt die Sprungantwort der Regelstrecke bestimmen. Es gilt, wenn die nach der 1. Sekunde vorliegende Regelgrößenänderung Δx_1 genannt wird

$$\Delta x_1 = 0{,}012\,(-2) + 0{,}8 \cdot 0{,}05 = 0{,}016 \text{ bar}$$

Der Druck vor dem Brenner beträgt somit nunmehr 0,016 bar. Vereinbarungsgemäß richtet sich die Geschwindigkeit, mit der durch den Bedienungsmann das Ventil verstellt wird, nach der vorliegenden Regelgrößenänderung. Die Stellgeschwindigkeit muß somit an die Regelgrößenänderung $\Delta x_1 = 0{,}016$ bar angepaßt werden. Mit Hilfe der Sprungantwort für das Verhalten des Bedienungsmannes ergibt sich, wenn mit $\Delta y_2'$ die angepaßte Änderung der Stellgeschwindigkeit bezeichnet wird

$$\Delta y_2' = -50 \cdot 0{,}016 = -0{,}8 \text{ mm}^2/\text{s}$$

Es werde nun $\Delta y_2'$ für eine Sekunde beibehalten. In dieser Sekunde, der 2. Sekunde nach dem Beginn der Störgrößenänderung, wird der Ventilquerschnitt um

$$\Delta y_2 = -0{,}8 \text{ mm}^2$$

verkleinert. Dadurch wird die Regelgrößenänderung weiter abgebaut. Für die nach der 2. Sekunde vorliegende Regelgrößenänderung Δx_2 gilt die folgende Berechnung. Bei dieser Berechnung ist zu berücksichtigen, daß während der 1. Sekunde bereits eine Verkleinerung des Ventilquerschnitts um $\Delta y_1 = -2$ mm² erfolgt ist. In der 2. Sekunde kam $\Delta y_2 = -0{,}8$ mm² hinzu. Die nach der 2. Sekunde zu berücksichtigende Stellgrößenänderung beträgt somit

$$\Delta y_1 + \Delta y_2 = (-2) + (-0{,}8) = -2{,}8 \text{ mm}^2$$

Für die Regelgrößenänderung Δx_2 nach der 2. Sekunde ergibt sich somit

$$\Delta x_2 = 0{,}012\,(\Delta y_1 + \Delta y_2) + 0{,}8 \cdot 0{,}05$$
$$\Delta x_2 = 0{,}012\,(-2{,}8) + 0{,}04 = 0{,}0064 \text{ bar}$$

Nach der 2. Sekunde beträgt somit der Druck vor dem Brenner 1,6064 bar.
Das läßt folgende Tabelle verstehen:

t	0	1	2	3	s
Δx	0,04	0,016	0,0064	0,0026	mm bar

Bleibt zu fragen, ob dieses Wirken des Bedienungsmannes auch durch einen selbsttätigen Regler erreicht werden kann. Wie der Bedienungsmann kann ein Gleichstrom-Elektromotor das Ventil mit einer bestimmten Geschwindigkeit öffnen bzw. schließen. Die Geschwindigkeit richtet sich dabei nach der angelegten Spannung. Je höher die Spannung ist, um so größer ist die Geschwindigkeit. Über einen Spannungsgeber kann nun dem Motor eine um so größere Spannung gegeben werden, je größer die Regelgrößenänderung ist. Dabei kann der Spannungsgeber eine positive Spannung abgeben, wenn der Sollwert überschritten ist. Eine Unterschreitung des Sollwertes kann dagegen eine negative Spannung bedingen. Dadurch kann erreicht werden, daß bei einer Überschreitung sich der Motor so dreht, wie es für das Schließen des Ventils notwendig ist. Bei einer negativen Spannung, also bei einer negativen Regelgrößenänderung dreht sich der Motor in umgekehrter Richtung und öffnet das Ventil. Der Motor betätigt wie der Bedienungsmann das Ventil, bis der Sollwert der Regelgröße erreicht ist. Dann bleibt er stehen.
Für den selbsttätigen Regler kann wie für den Bedienungsmann angenommen werden, daß die Änderung $\Delta y'$ der Stellgeschwindigkeit zur Regelgrößenänderung Δx proportional ist. Mit K_{IR0} als Proportionalitätsfaktor gilt somit in beiden Fällen

$$\Delta y' = \pm K_{IR0}\,\Delta x,$$

z.B. kann gelten $\Delta y' = -50\,\Delta x$

Mit Hilfe dieser Sprungantwort kann nun sehr leicht verständlich gemacht werden, warum der beschriebene Regler integral wirkender Regler, kurz *I*-Regler zu nennen ist. Durch Integration ist nämlich folgende Form der Sprungantwort zu erreichen

$$\Delta y = \pm K_{IR0} \int \Delta x \, dt$$

bzw. $\Delta y = -50 \int \Delta x \, dt$

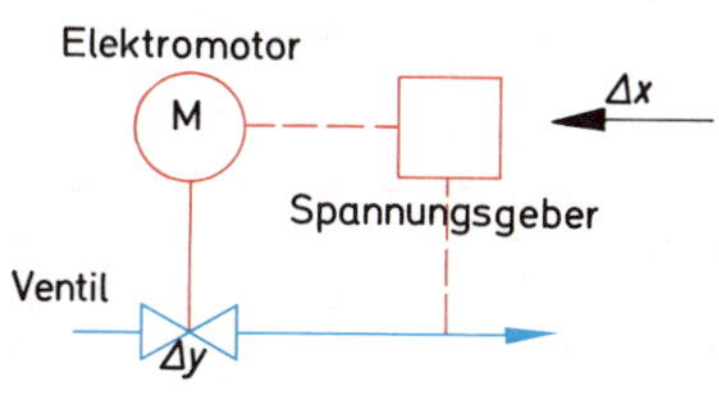

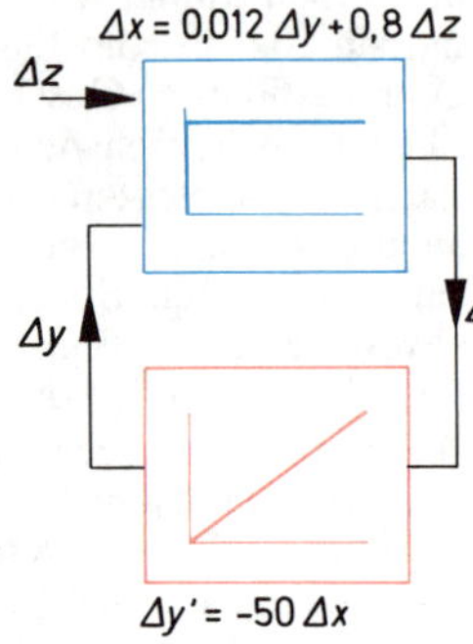

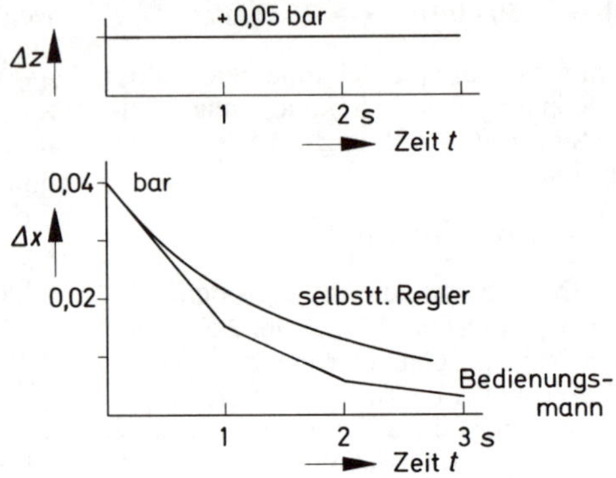

Nun soll das Wirken dieses selbsttätigen *I*-Reglers bei der angegebenen Druckregelung vor einem Brenner untersucht und dem Wirken des Bedienungsmannes bei dieser Regelung gegenübergestellt werden. Hierbei wird insbesondere gezeigt werden können, daß durch den selbsttätigen *I*-Regler eine laufende Anpassung der Stellgeschwindigkeit an die Regelgrößenänderung erreicht wird. Beim Wirken des Bedienungsmannes erfolgte die Anpassung stufenweise, jeweils nach einer Sekunde. Die grafische Darstellung des Störverhaltens beim Regelkreis mit dem Bedienungsmann ist darum ein gebrochener Linienzug. Bei der Verwendung des selbsttätigen *I*-Reglers ergibt sich dagegen ein stetiger Kurvenverlauf. Bei der mathematischen Bestimmung dieses Kurvenverlaufes ist von folgenden Sprungantworten auszugehen:

allgemein:

Für die Regelstrecke:

$$\Delta x = \pm K_{PS0} \Delta y \pm K_{PS1} \Delta z$$

Für den *I*-Regler:

$$\underline{\Delta y' = \mp K_{IR0} \Delta x}$$

Für das angenommene Beispiel:

$$\Delta x = 0{,}012\ \Delta y + 0{,}8\ \Delta z$$

$$\underline{\Delta y' = -50\ \Delta x}$$

Eine Ableitung, die übergangen werde, führt zu folgenden Ergebnissen:

Für die Zeit t:

e = 2,7182 $\qquad \Delta x = K_{PS1} \Delta z\, e^{-\frac{t}{n}}$

Nenner $\qquad n = \dfrac{1}{K_{IR0} K_{PS0}}$

Für das Beispiel:

$$\Delta x = 0{,}8\ \Delta z\, e^{-\frac{t}{n}}$$

$$n = \frac{1}{50 \cdot 0{,}012} = \frac{5}{3}\ \mathrm{s}$$

So ergibt sich folgende Tabelle:

Zeit t	0	1	2	3 s
Δx mit Bedienungsmann	0,04	0,016	0,0064	0,0026 bar
Δx mit selbstt. Regler	0,04	0,022	0,012	0,0066 bar

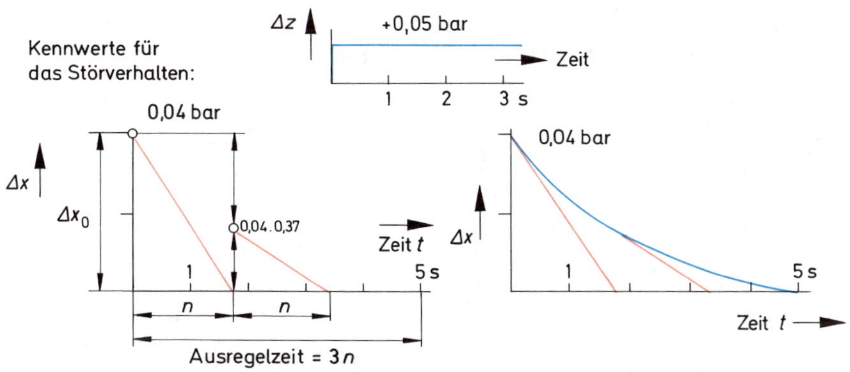

Bei der Beurteilung und grafischen Darstellung des Störverhaltens braucht man nicht unbedingt für jeden Zeitpunkt die Regelgrößenänderung zu kennen. Es genügt oft zu wissen, welche Regelgrößenänderung Δx_0 sich unmittelbar nach dem Beginn einer sprungförmigen Störgrößenänderung einstellt und welche Zeit vergeht, bis diese Regelgrößenänderung durch den Regler „ausgeregelt" ist.

Die Zeit, die für das „Ausregeln" benötigt wird, ist die Ausregelzeit.

Aus den Gleichungen für das Störverhalten können die entsprechenden Angaben unmittelbar herausgelesen werden.

Das läßt sich durch folgende Tabelle beweisen:

t	0	n	$2\,n$	$3\,n$
$e^{-\frac{t}{n}}$	1	0,37	0,135	0,05
$\Delta x = K_{PS1}\,\Delta z\, e^{-\frac{t}{n}}$	0,04	0,04 · 0,37	0,04 · 0,135	0,04 · 0,05 bar

Es zeigt sich, nach der Zeit $t = 3\,n$ beträgt die Regelgrößenänderung Δx nur noch 5% vom Anfangswert und ist damit vernachlässigbar klein.

Weitere Kennwerte für den Verlauf des Störverhaltens lassen sich gewinnen, wenn n, die sogenannte Zeitkonstante, näher gedeutet wird.

Die Zeitkonstante n für das Störverhalten ist die Zeit, die bis zum Erreichen des Endwertes $\Delta x = 0$ vergehen würde, wenn von einem frei wählbaren Zeitpunkt an der Endwert $\Delta x = 0$ mit der Geschwindigkeit angestrebt werden würde, die im gewählten Zeitpunkt vorliegt.

Grafisch betrachtet ist somit die Zeitkonstante n die Zeit, die bis zum Erreichen des Endwertes $\Delta x = 0$ vergeht, wenn von einem frei wählbaren Zeitpunkt an der weitere Verlauf des Störverhaltens in Richtung der Tangente an die Kurve für das Störverhalten angenommen wird. So kann für jeden Punkt, z.B. für den Anfangspunkt der Kurve, der Verlauf der Tangente angegeben werden.

Ferner kann der vorhergehenden Tabelle entnommen werden, daß zum Zeitpunkt

$$t = n$$

die Regelgrößenänderung Δx jeweils 37% des Anfangswertes Δx_0 beträgt.

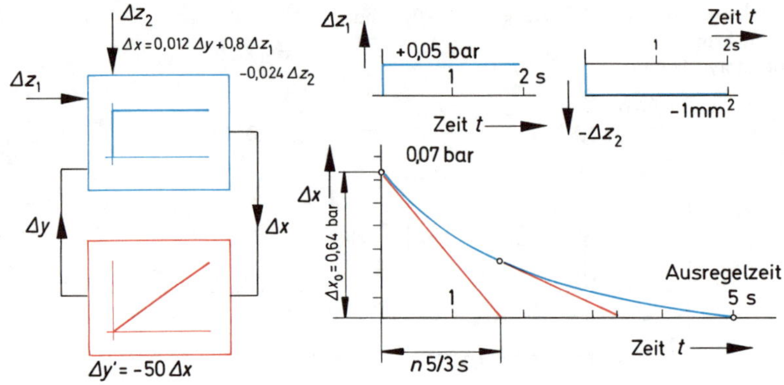

Bei den bisherigen Betrachtungen wurde nur eine Störgröße, der Versorgungsdruck, angenommen. Nun sollen die Überlegungen auf mehrere Störgrößen, zunächst auf zwei Störgrößen, ausgeweitet werden. Dazu werde neben dem Versorgungsdruck als Störgröße z_1 der Brennerquerschnitt als Störgröße z_2 angenommen. Als Sprungantwort für die Regelstrecke ergab sich für die Aufrechterhaltung eines Druckes von 1,6 bar:

$$\Delta x = 0{,}012\ \Delta y + 0{,}8\ \Delta z_1 - 0{,}024\ \Delta z_2$$

Verallgemeinernd gilt:

$$\Delta x = \pm\ K_{PS0}\,\Delta y \pm K_{PS1}\,\Delta z_1 \pm K_{PS2}\,\Delta z_2$$

Bezüglich des *I*-Reglers werde angegeben:

$$\Delta y' = -50\ \Delta x$$

Verallgemeinernd:

$$\Delta y' = \mp\ K_{IR0}\,\Delta x$$

Durch die Ableitung, die übergangen werde, kann für das Störverhalten des Regelkreises bei der Annahme von zwei Störgrößen angegeben werden:

$$\Delta x = (0{,}8\ \Delta z_1 - 0{,}024\ \Delta z_2)\ e^{-\frac{t}{n}}$$

$$n = 5/3\ \text{s}$$

verallgemeinernd:

$$\Delta x = (\pm\ K_{PS1}\,\Delta z_1 \pm K_{PS2}\,\Delta z_2)\ e^{-\frac{t}{n}}$$

$$n = \frac{1}{K_{IR0}\,K_{PS0}}$$

Wird angenommen, der Versorgungsdruck z_1 hätte sich von 1,75 auf 1,8 bar, also um $\Delta z_1 = +0{,}05$ bar erhöht und der Brennerquerschnitt z_2 hätte sich von 10 auf 9 mm², also um $\Delta z_2 = -1$ mm² verkleinert, so gilt für das Störverhalten:

$$\Delta x = [0{,}8 \cdot 0{,}05 - 0{,}024\ (-1)]\ e^{-\frac{t}{5/3}}$$

$$= 0{,}064\ e^{-\frac{t}{5/3}}\ \text{bar}$$

Wie bei der Annahme von nur einer Störgröße kann auch bei mehreren Störgrößen für die Erfassung und die grafische Darstellung des Störverhaltens von Kennwerten ausgegangen werden. Für den Anfangswert Δx_0 der Regelgrößenänderung unmittelbar nach Beginn der Störgrößenänderungen gilt

$$\Delta x_0 = 0{,}064\ \text{bar}$$

Als Regelgrößenänderung zum Zeitpunkt $t = n$ ist anzugeben

$$0{,}064 \cdot 0{,}37 = 0{,}024\ \text{bar}$$

Für die Zeitkonstante *n* bzw. für die Ausregelzeit 3 *n* gilt

$$n = 5/3\ \text{s} \qquad 3\,n = 5\ \text{s}$$

Der Verlauf von Tangenten kann mit der Zeitkonstanten *n* bestimmt werden.
Wenn mehr als zwei Störgrößen zu berücksichtigen sind, ist analog zu verfahren.

Gegenüberstellung des Störverhaltens mit einem *I*-Regler und einem *P*-Regler

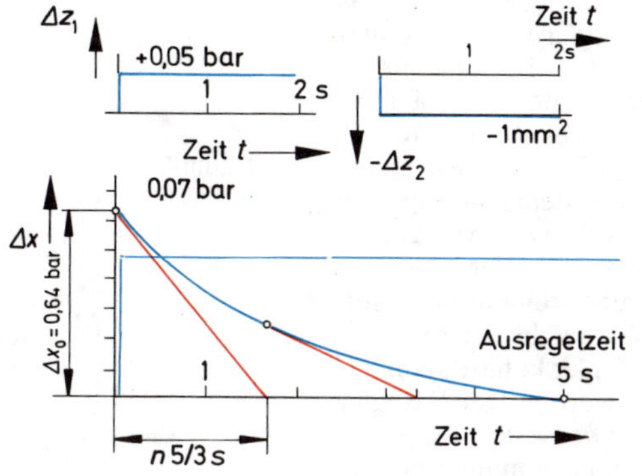

mit *P*-Regler: bleibendes Δx

mit *I*-Regler: kein bleibendes Δx

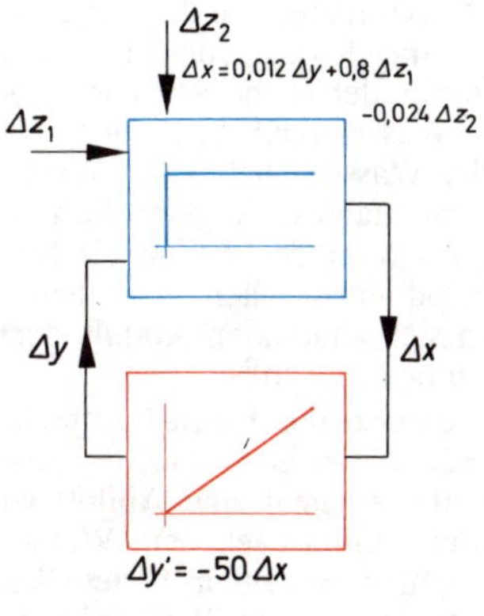

mit *I*-Regler: keine bleibende Regelgrößenänderung

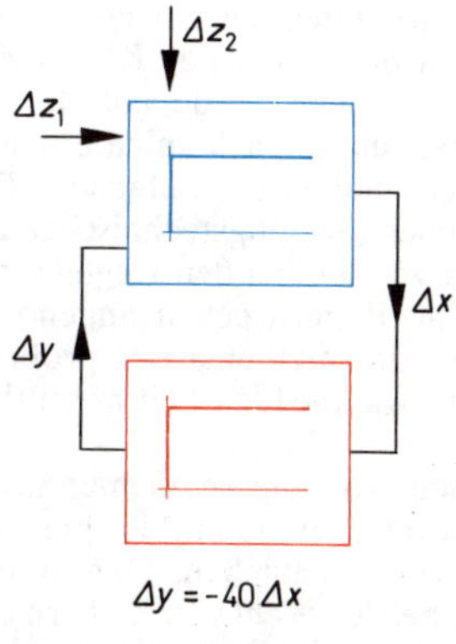

mit *P*-Regler: bleibende Regelgrößenänderung (*P*-Abweichung)

2.1.2. Stetige Regler an Speicherstrecken

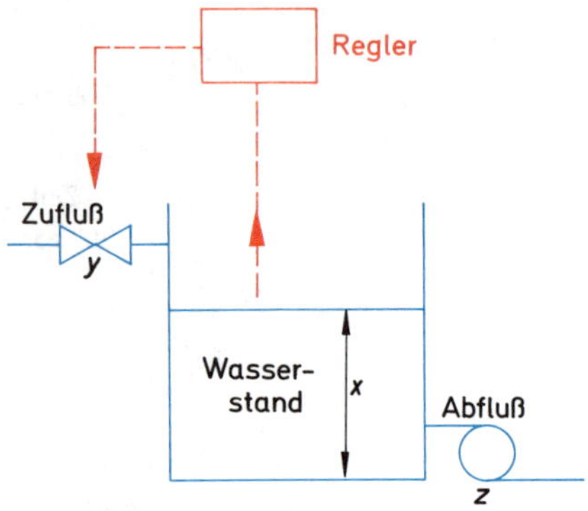

Nach den bisherigen Betrachtungen scheint es verständlich zu sein, von Reglern 1. Klasse und solchen 2. Klasse zu sprechen. Bei den bisher behandelten Regelkreisen zeigte sich nämlich, daß der **I-Regler genauer regelt als der P-Regler.** Bei der Verwendung eines P-Reglers ergab sich nach einer Störgrößenänderung eine **bleibende Regelgrößenänderung, die P-Abweichung.** Beim Einsatz eines I-Reglers kam es dagegen nur zu einer **vorübergehenden Regelgrößenänderung,** die im Verlauf der Ausregelzeit ausgeregelt wurde. Der I-Regler konnte somit als Regler 1. Klasse angesehen werden. Der P-Regler ist dagegen verständlicherweise als Regler 2. Klasse zu betrachten. Diese Diskriminierung des P-Reglers ist jedoch nicht berechtigt. Der Schein trügt.

Der Schein trügt deswegen, weil sich die Überlegungen, von denen bei der Klassifizierung der Regler ausgegangen wurde, auf elementare, das heißt, auf bewußt einfach gehaltene Regelkreise bezog. Der möglichst einfachen Darstellung grundlegender regelungstechnischer Darstellungen wegen wurden bei den Regelkreisen verzögerungsarme Regelstrecken angenommen. Damit ergaben sich mathematisch problemlose Betrachtungen, was die Einarbeit wesentlich erleichterte.

Es ist falsch, von diesen elementaren Überlegungen auf die Situation in der gesamten Regelungstechnik zu schließen. Darum ist es auch falsch, sich bei der Wahl von Reglern einseitig für den I-Regler nur deswegen zu entscheiden, weil dieser nach den angegebenen Betrachtungen als Regler 1. Klasse erschien.

Folglich ist es z.B. falsch, für eine Wasserstandsregelung einen I-Regler zu wählen. Gegenüber den Regelkreisen mit verzögerungsarmen Regelstrecken liegen hier nämlich ganz andere Verhältnisse vor. Bei der Wasserstandsregelung ist nicht nur auf die Genauigkeit zu achten. Es kommt auch auf die Stabilität der Regelung an. Das heißt, es ist zu verhindern, wie noch näher zu zeigen sein wird, daß es nach einer Störgrößenänderung zum laufenden Pendeln des Wertes der Regelgröße um den Sollwert kommt.

Bleibt zu fragen, was bei der Wasserstandsregelung bedingt, daß sich das Stabilitätsproblem stellt. Die Antwort auf diese Frage fällt so aus, wie sie in der Regelungstechnik immer zu erwarten ist. Bei der Wasserstandsregelung liegt gegenüber den bisher betrachteten Regelstrecken ein anderes Zeitverhalten für die Regelstrecke vor, das durch Speicherungsvorgänge gekennzeichnet ist. Darum der Name **Speicherstrecke.**

Bei einer Wasserstandsregelung ist die Regelstrecke der Wasserbehälter. Im Wasserbehälter ist ein Wasserstand als Regelgröße x aufrechtzuerhalten. Dazu ist der Zufluß als Stellgröße y entsprechend einzustellen. Notwendig ist dies durch den sich ändernden Abfluß, der als Störgröße z zu bezeichnen ist.

Der Abfluß werde durch eine Pumpe bewirkt. Es werde somit kein freier Abfluß am Behälter angenommen. Bei einem freien Abfluß würde sich nämlich der Abfluß nach dem Wasserstand im Behälter richten. Bei einem hohen Wasserstand würde sich dem hohen Wasserdruck entsprechend ein starker Abfluß ergeben, ist dagegen der Wasserstand niedrig, so würde sich ein schwacher Abfluß einstellen. Wird jedoch dem Behälter über eine Pumpe Wasser entnommen, so ergibt sich ein vom Wasserstand unabhängiger gleichbleibender Abfluß, der über die Pumpe freibleibend eingestellt werden kann.

Ziel der regelungstechnischen Betrachtungen am Wasserbehälter als Regelstrecke ist wie bei den entsprechenden Betrachtungen an anderen Regelkreisgliedern **die Bestimmung des Zeitverhaltens der Regelstrecke.** Es ist somit wieder zu fragen, was zu welcher Zeit geschieht. Antwort ist die zu ermittelnde Sprungantwort für die Regelstrecke.

Die Sprungantwort beschreibt, wie sich der Wasserstand als Regelgröße x ändert, wenn sich die Stellgröße y, der Zufluß bzw. der Abfluß als Störgröße z ändert.

Bei der Ermittlung der Sprungantwort werde davon ausgegangen, daß der gewünschte Sollwert des Wasserstandes vorliege. Der Abfluß gleicht in diesem Fall dem Zufluß. Nun werde bei gleichbleibendem Abfluß der Zufluß geändert, z.B. um $+\Delta y$ vergrößert. Überwiegt somit der Zufluß gegenüber dem Abfluß, so wird das Wasser im Behälter steigen.
Dazu kann festgestellt werden, daß sich nach einer Zuflußänderung Δy während der Zeit Δt eine Änderung Δv des Wasservolumens im Behälter einstellt. Dabei gilt, wenn A die Grundfläche des Behälters und Δx die Wasserstandsänderung ist

$$\Delta v = A\,\Delta x \text{ (Grundfläche mal Höhe)}$$

Anderseits gilt für die Volumensänderung

$$\Delta v = \Delta y\,\Delta t \text{ (Zufluß mal Zeitänderung)}$$

Nach der somit möglichen Gleichsetzung

$$A\,\Delta x = \Delta v = \Delta y\,\Delta t$$

kann für die Steiggeschwindigkeit $\Delta x'$ und damit als Sprungantwort festgestellt werden:

$$\Delta x' = \frac{\Delta x}{\Delta t} = \frac{1}{A}\,\Delta y$$

Bei $\Delta y = 5$ l/s und $A = 2\ \text{m}^2$ ist $\Delta x' = 2{,}5$ mm/s.
Der Proportionalitätsfaktor $1/A$ ist verallgemeinernd K_{IS0} zu bezeichnen. Die vorliegende Regelstrecke kann nämlich *I*-Strecke genannt werden. Sie kann dem bereits eingeführten *I*-Regler gegenübergestellt werden. Für den *I*-Regler ergab sich bezüglich einer Änderung $\Delta y'$ der Stellgeschwindigkeit nach einer sprunghaften Regelgrößenänderung Δx

$$\Delta y' = \pm K_{IR0}\,\Delta x$$

Der Regler nahm eine Regelgrößenänderung Δx auf. Bei der Regelstrecke gilt das für die Stellgrößenänderung Δy. Analog steht $\Delta y'$ des Reglers dem $\Delta x'$ der Regelstrecke gegenüber. Somit kann der Sprungantwort des *I*-Reglers die Sprungantwort

$$\Delta x' = \pm K_{IS0}\,\Delta y$$

der *I*-Strecke gegenübergestellt werden. Das

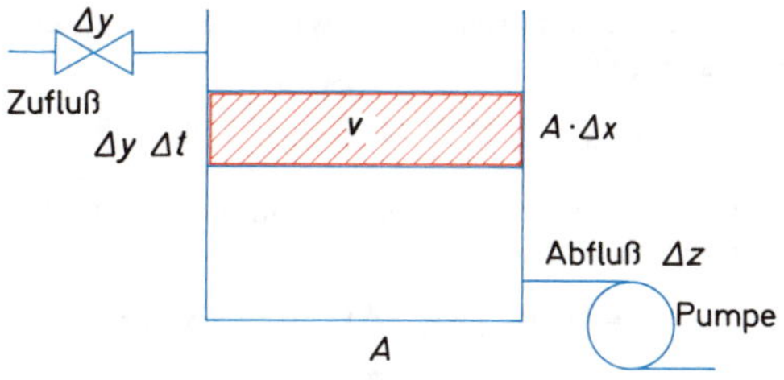

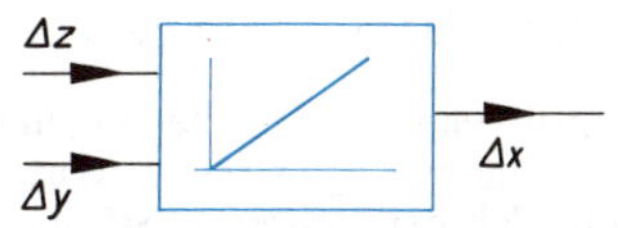

Blockschaltzeichen und Sprungantwort der *I*-Strecke

Blockschaltzeichen der *I*-Strecke entspricht darum dem des *I*-Reglers.
Für die Sprungantwort nach sprunghaften Abflußänderungen Δz ergibt sich bei gleichbleibendem Zufluß allgemein

$$\Delta x' = \pm K_{IS1}\,\Delta z$$

Im vorliegenden Fall gilt

$$\Delta x' = -\frac{1}{A}\,\Delta z = -0{,}5\,\Delta z$$

Das Minuszeichen berücksichtigt, daß einer Abflußverstärkung $+\Delta z$ eine Änderung $-\Delta x'$ der Geschwindigkeit entspricht, mit der das Wasser sinkt.
Kommt es gleichzeitig zu einer Zuflußänderung Δy und zu einer Abflußänderung Δz, gilt z.B. $\Delta y = +8$ l/s und $\Delta z = -2$ l/s, so ergibt sich für den Behälter mit einem Querschnitt von $2\ \text{m}^2$ bezüglich der Zuflußverstärkung:

$$\Delta x_1' = 0{,}5\,\Delta y = 0{,}5 \cdot 8 = 4 \text{ mm/s},$$

bezüglich der Abflußminderung:

$$\Delta x_2' = -0{,}5\,\Delta z = -0{,}5\,(-2) = 1 \text{ mm/s}.$$

Die Gesamtänderungsgeschwindigkeit $\Delta x'$ ergibt sich mit

$$\Delta x' = \Delta x_1' + \Delta x_2' = 4 + 1 = 5 \text{ mm/s}.$$

Verallgemeinernd kann somit für die *I*-Strecke festgestellt werden:

$$\Delta x_1' = \pm K_{IS0} \Delta y, \quad \Delta x_2' = \pm K_{IS1} \Delta z$$
$$\Delta x' = \Delta x_1' + \Delta x_2' = \pm K_{IS0} \Delta y \pm K_{IS1} \Delta z$$

für den angegebenen Behälter mit dem Querschnitt von 2 m² gilt

$$\Delta x' = 0{,}5 \, \Delta y - 0{,}5 \, \Delta z$$

Nach den entsprechenden Überlegungen bei der verzögerungsarmen Regelstrecke dürfte verständlich sein, daß bei mehreren Störgrößen z_1, z_2, ... und den entsprechenden Änderungen Δz_1, Δz_2, ... die Sprungantwort für die *I*-Strecke wie folgt erweitert werden kann:

$$\Delta x' = \pm K_{IS0} \Delta y \pm K_{IS1} \Delta z_1 \pm \pm K_{IS2} \Delta z_2 \ldots$$

Was geschieht nun, wenn für eine solche *I*-Strecke ein *I*-Regler gewählt wird?
Für eine Wasserstandsregelung wird also ein Regler gewählt, der das Stellglied mit einer zur Regelgrößenänderung proportionalen Stellgeschwindigkeit betätigt. **Praktisch realisiert könnte man sich einen solchen Regler mit einem Gleichstrommotor denken,** dessen Drehzahl und Drehrichtung sich nach der Größe und Richtung der angelegten Gleichspannung richtet. Der Wasserstand wäre bei einem solchen Regler mit einer Meßeinrichtung zu erfassen, die eine mit der Regelgrößenänderung gegenüber dem Sollwert zunehmende Gleichspannung abgibt. Mit der Spannungsrichtung ist zu berücksichtigen, ob der Wasserstand gegenüber dem Sollwert größer oder kleiner geworden ist.
Der Wasserstands-Sollwert, z.B. in 1 m Höhe, liege nun vor und es herrsche Gleichgewicht zwischen Zufluß und Abfluß.
Durch eine sprunghafte Abflußverstärkung werde nun das Gleichgewicht zwischen Zufluß und Abfluß gestört. Folge ist ein sinkender Wasserspiegel. Der *I*-Regler wird eingreifen und das Ventil öffnen. Der Zufluß wird so immer größer und größer werden. Schließlich wird der Zufluß dem verstärkten Abfluß gleichen. Das Wasser im Behälter wird dann nicht weiter sinken.
Doch der sich ergebende Wasserstand gleicht nicht dem Sollwert. Er ist niedriger. Der *I*-Regler wird somit das Ventil weiter öffnen und damit den Zufluß gegenüber dem Abfluß verstärken. Ein Steigen des Wasserspiegels ist die Folge. So wird zwar der Sollwert des Wasserstandes erreicht werden, jedoch ohne daß es gleichzeitig zu einem Gleichgewicht zwischen Zufluß und Abfluß kommt. Der Sollwert wird also erreicht, aber, da der Zufluß überwiegt, überschritten.
Der *I*-Regler wird seinem Wirkungsprinzip folgend eingreifen und dem Überschreiten des Sollwertes entgegenwirken. Er wird das Zuflußventil schließen und damit den Zufluß vermindern. **So wird schließlich der Zufluß dem Abfluß wieder gleichen.** Das Wasser wird somit nicht weiter steigen.
Der Gleichgewichtszustand zwischen Zufluß und Abfluß stellt sich jedoch wieder nicht beim Sollwert des Wasserstandes ein. Der Wasserstand ist höher als der Sollwert. Der *I*-Regler muß somit zwangsläufig das Gleichgewicht stören. Er schließt wegen des zu hohen Wasserstandes das Ventil und vermindert so den Zufluß.
Der Zufluß wird so kleiner als der Abfluß, und das Wasser im Behälter wird folglich sinken. So wird wieder der Sollwert erreicht. Der Sollwert wird jedoch nicht aufrechterhalten. **Beim Erreichen des Sollwertes herrscht ja wieder kein Gleichgewicht zwischen Zufluß und Abfluß.** Vielmehr überwiegt der Abfluß.
Darum sinkt das Wasser im Behälter, und das, was beschrieben wurde, wiederholt sich. Es kommt somit zu einem laufenden Pendeln des Wertes der Regelgröße um den Sollwert. **Der Regelkreis ist unstabil.**
Bei der Wahl von Reglern für Regelkreise ist folglich nicht nur der Wunsch nach einer genauen Regelung bestimmend. Ebenso wichtig ist die Erfüllung der Forderung nach einer stabilen Regelung.

Regelungen müssen genau und stabil sein!

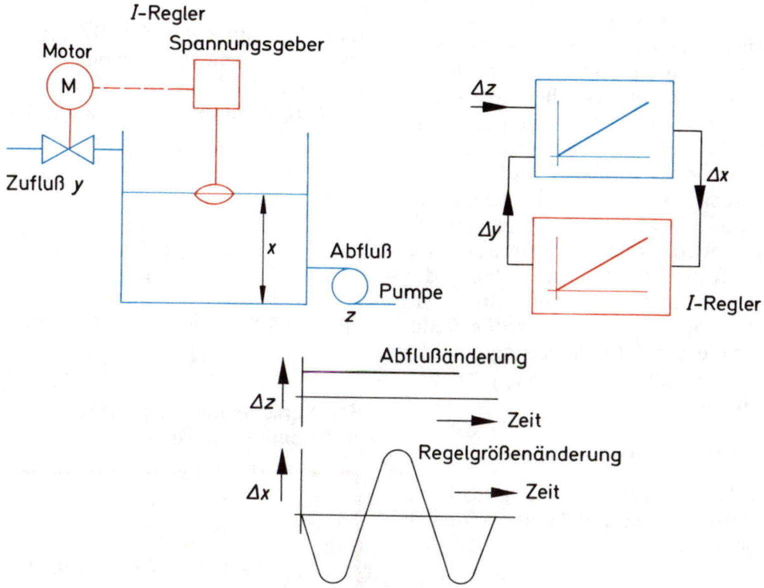
I-Regler
Motor
M
Spannungsgeber
Zufluß y
x
Abfluß
Pumpe
z
Δz
Δx
Δy
I-Regler
Abflußänderung
Δz
Zeit
Regelgrößenänderung
Δx
Zeit

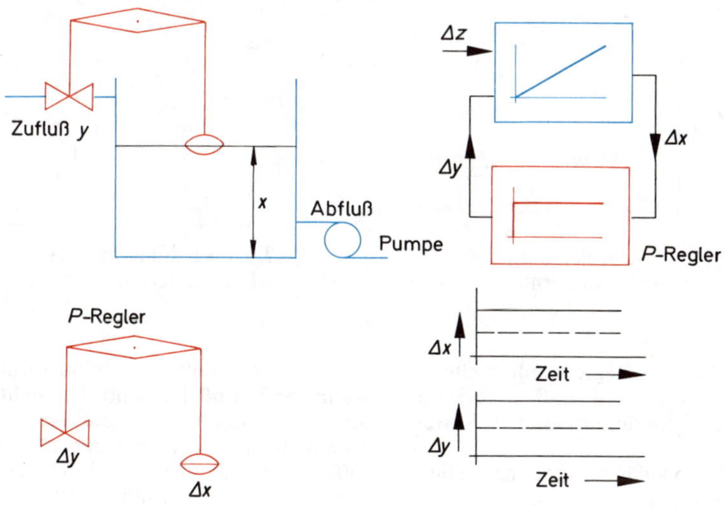
Zufluß y
x
Abfluß
Pumpe
Δz
Δx
Δy
P-Regler
P-Regler
Δy
Δx
Δx
Zeit
Δy
Zeit

Zurück zum *P*-Regler, so heißt nun die Parole, nachdem bei der Wasserstandsregelung der *I*-Regler enttäuschte. Der somit für die Wasserstandsregelung notwendige *P*-Regler kann ganz einfach realisiert werden. Er läßt sich nämlich durch eine simple Hebelübersetzung zwischen einem den Wasserstand messenden Schwimmer und dem Zuflußventil verwirklichen. Mit einem solchen Regler wird erreicht, daß nach dem Steigen bzw. Sinken des Wasserstandes der Zufluß vermindert oder verstärkt wird.
Der Regler läßt sich als *P*-Regler kennzeichnen, wenn er aus dem Regelkreis herausgelöst und für sich betrachtet wird. Nach der Herauslösung kann nämlich festgestellt werden, daß jeder Änderung Δx der Regelgröße gegenüber dem Sollwert eine proportionale Stellgrößenänderung Δy in Form einer Zuflußänderung bewirkt. Wird der Proportionalitätsfaktor K_{PR0} genannt, so gilt ganz allgemein

$$\Delta y = \pm K_{PR0} \Delta x$$

Es kann z.B. angenommen werden, daß ein Steigen des Wasserstandes und damit ein Steigen des Schwimmers um

$$\Delta x = +1 \text{ mm}$$

eine Verminderung des Zuflusses um

$$\Delta y = -0{,}3 \text{ l/s}$$

bewirkt.
Eine Verdoppelung der Regelgrößenänderung um $\Delta x = +2$ mm bewirkt eine Verdoppelung der Zuflußverminderung um $\Delta y = -0{,}6$ l/s. Für den Proportionalitätsfaktor K_{PR0} gilt dann

$$K_{PR0} = \frac{-\Delta y}{+\Delta x} = \frac{-0{,}3}{1} = \frac{-0{,}6}{2}$$

$$= -0{,}3 \frac{\text{l/s}}{\text{mm}}$$

Sprungantwort des Reglers ist somit

$$\Delta y = -0{,}3 \, \Delta x$$

Bei Verschiebung des Hebeldrehpunktes kann angenommen werden:

Δx	1	1	1	mm
Δy	−0,3	−0,6	−0,9	l/s
K_{PR0}	−0,3	−0,6	−0,9	l/s mm

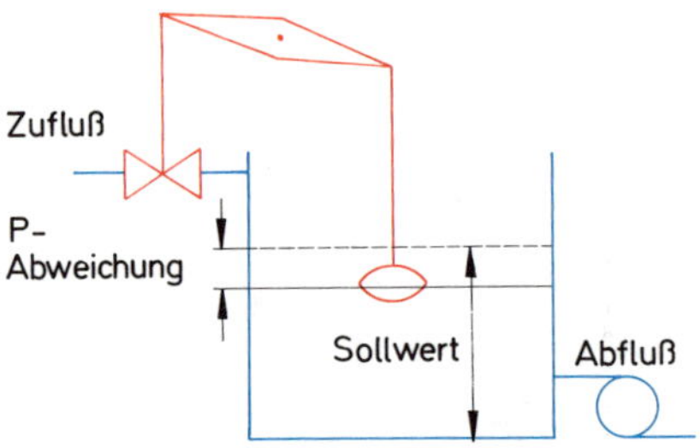

P-Abweichung nach Abflußänderung

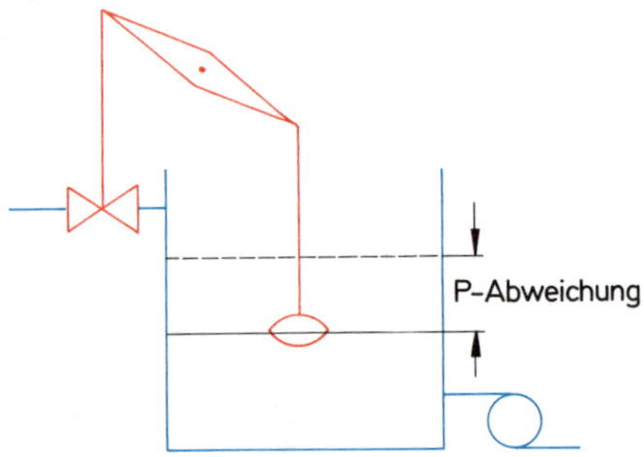

P-Abweichung nach verstärkter Abflußänderung

Der einfache Aufbau des Reglers läßt nochmals besonders deutlich erkennen, **daß es bei der Verwendung eines *P*-Reglers zu einer *P*-Abweichung kommt.**
Wird z.B. als Störgrößenänderung eine Abflußverstärkung angenommen, so ist klar, daß der Regler nach dieser Abflußverstärkung das Zuflußventil öffnen muß. Aufgabe des Reglers ist es ja doch, den Zufluß dem Abfluß anzupassen. **Nur wenn der Zufluß dem Abfluß gleicht, kann sich ein bestimmter Wasserstand einstellen.**
Nun bedingt bei dem angegebenen *P*-Regler ein Öffnen des Zuflußventiles ein Heben des Hebelarmes mit dem Zuflußventil. Zwangsläufig ergibt sich so ein Senken des Hebelarmendes mit dem Schwimmer. Das Senken des Schwimmers

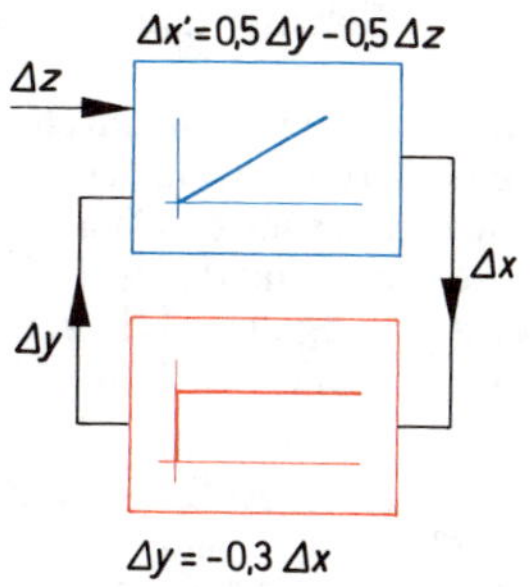

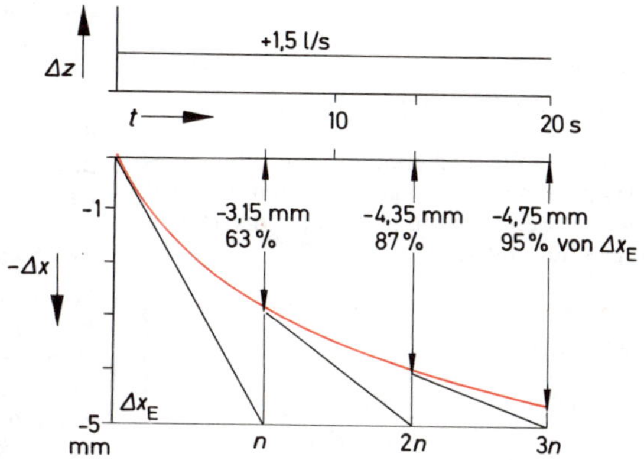

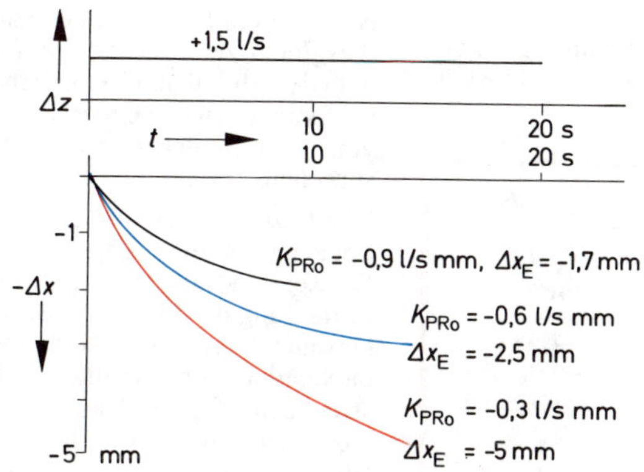

ist gleichbedeutend mit einem Sinken des Wasserstandes, einer gleichbleibenden Regelgrößenänderung gegenüber dem Sollwert, der *P*-Abweichung.

Die Größe der *P*-Abweichung hängt von der Stärke der Störgrößenänderung ab. Je kräftiger die Störgrößenänderung ist, das heißt, je stärker sich der Abfluß ändert, um so mehr muß für das Eingreifen des Reglers durch eine entsprechende *P*-Abweichung „bezahlt" werden.
Rechnerisch kann dies wie folgt gezeigt werden:

Es gilt
für die Regelstrecke:

$$\Delta x' = \pm K_{\mathrm{IS}0}\,\Delta y \pm K_{\mathrm{IS}1}\,\Delta z$$

für den Regler:

$$\Delta y = \mp K_{\mathrm{PR}0}\,\Delta x$$

Nach einer entsprechenden Ableitung, die übergangen werden soll, ergibt sich für das Störverhalten des vorliegenden Regelkreises:

$$\Delta x = \frac{\pm K_{\mathrm{IS}1}\,\Delta z}{+K_{\mathrm{IS}0}\,K_{\mathrm{PR}0}}\left(1 - \mathrm{e}^{-t/n}\right);$$

$$\mathrm{e} = 2{,}7182$$

t ist dabei die Zeit. Für *n*, den Nenner, die Zeitkonstante des Störverhaltens, gilt:

$$n = \frac{1}{+K_{\mathrm{IS}0}\,K_{\mathrm{PR}0}}$$

Für das gewählte Beispiel galt bei der Regelstrecke:

$$\Delta x' = +0{,}5\,\Delta y - 0{,}5\,\Delta z$$

Als Sprungantwort für den Regler konnte gewählt werden

$$\Delta y = -0{,}3\ \Delta x$$

So ergibt sich

$$\Delta x = -5\,(1 - e^{-t/n}); \quad n = 6{,}7\ \text{s}$$

Damit läßt sich die bleibende Regelgrößenänderung Δx_E bestimmen, für die sich nach entsprechend langer Zeit t, praktisch nach der dreifachen Zeitkonstanten 3 n gilt

P-Abweichung

$$\Delta x_E = \frac{\pm K_{IS1}\,\Delta z}{+K_{IS0}\,K_{PR0}}$$

Bei Verschiebung des Hebeldrehpunktes am gewählten *P*-Regler kann ergänzend festgestellt werden

Δx in mm		$\Delta z = 1{,}5$ l/s	
	t in Sekunden		
K_{PR0}	n	$2\,n$	$3\,n$
−0,3	−3,15	−4,35	−4,75
−0,6	−1,58	−2,18	−2,38
−0,9	−1,05	−1,45	−1,59
$\frac{\frac{l}{s}}{mm}$			

Bei der Regelstrecke der beschriebenen Wasserstandsregelung, für sich betrachtet, kommt es nach einer Betätigung des Stellventils nicht wie bei der Druckregelung zu einer sprunghaften Regelgrößenänderung. Bei der Wasserstandsregelung reagierte die Regelstrecke nicht verzögerungsarm. **Der Wasserstand erhöhte sich z.B. nach einem Öffnen des Zuflußventils nur allmählich,** denn jede Wasserstandserhöhung setzt eine entsprechende Wasserspeicherung voraus. Dieser Speicherungsvorgang aber braucht seine Zeit.

Mit Recht ist somit von einer **Speicherstrecke** zu sprechen. Eine genauere Betrachtung führt zu zwei Arten von Speicherstrecken. Wurde nämlich der Abfluß durch eine Pumpe fest eingestellt, so bedingte eine Verstärkung des Zuflusses ein Steigen des Wasserstandes mit gleichbleibender Geschwindigkeit. Das heißt, das Wasser stieg und stieg, bis schließlich der Behälter überlief. Es gab also kein Halten.
Andere Verhältnisse ergeben sich durch einen freien Abfluß. Bei einem freien Abfluß richtet sich die Abflußstärke nach der Höhe des Wasserstandes. Steigt das Wasser, so nimmt der Abflußdruck zu, was zu einer Verstärkung des Abflusses führt. Bei sinkendem Wasserstand wird der Abfluß geschwächt.

Wenn nun bei einem freien Abfluß der Zufluß verstärkt wird, so bedingt der steigende Wasserstand einen zunehmenden Abfluß. Der Abfluß gleicht sich so dem verstärkten Zufluß an. Nach einer gewissen Zeit ist der Abfluß so groß wie der verstärkte Zufluß, und das Wasser steigt nicht weiter. Es kam also zu einem Ausgleich. Sinnvoll ist in diesem Fall von einer **Speicherstrecke mit Ausgleich** zu sprechen. Im Wasserbehälter, bei dem der Abfluß durch eine Pumpe fest einstellbar war, kam es zu keinem Ausgleich. Folgerichtig ist von einer **Speicherstrecke ohne Ausgleich** zu sprechen.

Was bezüglich der Wasserstandserhöhung für die Speicherung gesagt wurde, gilt analog für die Wasserstandsabnahme und der dabei bedingten Entleerung des Behälters. Bei der Speicherstrecke ohne Ausgleich sinkt das Wasser mit gleichbleibender Geschwindigkeit. Bei der Speicherstrecke mit Ausgleich kommt es wieder zu einem Ausgleich zwischen Zufluß und Abfluß. Das Wasser sinkt nur bis zum Erreichen dieses Ausgleichs.

Doch nicht nur Wasser ist bei Regelstrecken zu entleeren bzw. zu speichern. Bei der Temperaturregelung an einem Ofen ist z.B. im Ofen Wärme zu speichern, was sehr viel Zeit in Anspruch nimmt.
Auch bei einer Drehzahlregelung liegt eine Speicherstrecke vor. Hier wird bei der Drehzahlerhöhung Bewegungsenergie gespeichert. Bei der Drehzahlverminderung wird durch Bremsen Bewegungsenergie abgeführt.

Eine Speicherstrecke mit Ausgleich ist auch bei der Regelung der Stromstärke in einem Elektrogerät gegeben, wenn das Elektrogerät neben ohmschen Widerständen auch induktive Widerstände enthält.

Das ist der Fall, wenn das Elektrogerät eine Drahtspule mit einem Eisenkern enthält.
Fließt durch die Spule ein Strom, so wird der Eisenkern magnetisiert, das heißt, in und **um die Spule wird ein magnetisches Feld und damit ein Energiespeicher aufgebaut.** Jede Änderung des

Stromes im Elektrogerät bedingt somit eine Änderung des magnetischen Feldes. Bei einer Verstärkung des Stromes muß so z.B. das magnetische Feld verstärkt werden, indem mehr magnetische Energie gespeichert wird. Bei einer Verminderung der Stromstärke muß das magnetische Feld abgebaut werden.
Nachdem bisher mehrfach die Sprungantwort von Regelstrecken rechnerisch bestimmt wurde, soll nunmehr angegeben werden, wie gedacht werden kann, diese Sprungantwort experimentell zu ermitteln. Auf die rechnerische Bestimmung soll nur durch eine Fußnote* hingewiesen werden. Nach dieser Fußnote hat die Sprungantwort folgende allgemeine Form

$$T_S \Delta x' + \Delta x = \pm K_{PS0} \Delta y \pm K_{PS1} \Delta z$$

Die mathematische Form dieser Sprungantwort wird durch noch folgende Betrachtungen nachgewiesen.
Dabei sind Δy und Δz kleine sprunghafte Änderungen des Vorwiderstandes y bzw. der Versorgungsspannung z. Die Änderung der Regelgröße x ist mit Δx bezeichnet, $\Delta x'$ ist die Änderungsgeschwindigkeit von x. K_{PS0} und K_{PS1} sind entsprechende Proportionalitätsfaktoren.
T_S wird die Zeitkonstante genannt. Nach einer Zeit, die dem dreifachen Wert der Zeitkonstanten entspricht, wird der Höchstwert der Regelgrößenänderung Δx praktisch erreicht, genauer 95% des Höchstwertes der Regelgrößenänderung Δx.
Wird somit z.B. experimentell festgestellt, daß sich nach einer Änderung Δz der Versorgungsspannung der Höchstwert der Regelgrößenänderung Δx nach 1,5 s erreicht wird, so ist die Zeitkonstante

$$T_S = 0{,}5 \text{ s}$$

Ist der Höchstwert der Regelgrößenänderung Δx erreicht, so ändert sich die Regelgröße nicht weiter. Für die Änderungsgeschwindigkeit $\Delta x'$ der Regelgröße gilt dann

$$\Delta x' = 0$$

Nach der angegebenen Form der Sprungantwort gilt dann

$$\Delta x = \pm K_{PS0} \Delta y \pm K_{PS1} \Delta z$$

Es ergibt sich somit eine Gleichung, die als Sprungantwort einer verzögerungsarmen Regelstrecke bekannt gemacht wurde.
Für die verzögerungsarme Regelstrecke ergibt sich eben das sofort, was bei der vorliegenden Speicherstrecke sich erst allmählich einstellt. Die Proportionalitätsfaktoren K_{PS0} und K_{PS1} können wie bei verzögerungsarmen Regelstrecken bestimmt werden.
So kann z.B. für einen Arbeitspunkt

$$x = 8 \text{ A}, y = 5\ \Omega, z = 60 \text{ V}$$

bestimmt werden:

$$\Delta z = 0$$

$$\Delta y = +1\ \Omega, \quad \Delta x = -1{,}1 \text{ A},$$

$$K_{PS0} = \frac{\Delta x}{\Delta y} = \frac{-1{,}1}{1} = -1{,}1 \frac{\text{A}}{\Omega}$$

$$\Delta y = 0$$

$$\Delta z = +1 \text{ V}, \quad \Delta x = +0{,}13 \text{ A},$$

$$K_{PS1} = \frac{\Delta x}{\Delta z} = \frac{0{,}13}{1} = +0{,}13 \frac{\text{A}}{\text{V}}$$

Zusammenfassend kann nun als Sprungantwort für die Regelstrecke bei der vorliegenden Regelung der Stromstärke in einem Elektrogerät festgestellt werden:

$$0{,}5\ \Delta x' + \Delta x = -1{,}1\ \Delta y + 0{,}13\ \Delta z$$

Diese Sprungantwort gilt wie immer nur für den angegebenen Arbeitspunkt. Ändert sich der Arbeitspunkt, so ändert sich auch die Sprungantwort.

Neben der Versorgungsspannung kann sich auch der ohmsche Widerstand des Elektrogerätes, z.B. bei Erwärmung des Gerätes störend ändern. Wieder kann experimentell oder rechnerisch, wie die Fußnote* es angibt, die Sprungantwort der Regelstrecke ermittelt werden. Die Versorgungsspannung ist dann als Störgröße z_1 und der ohmsche Widerstand als Störgröße z_2 zu kennzeichnen.
Allgemein ergibt sich dann für die Sprungantwort

---

* $$\frac{L}{R_B + y} \Delta x' + \Delta x = -\frac{z}{(R_B + y)^2} \Delta y + \frac{1}{R_B + y} \Delta z$$

* $$\frac{L}{z_2 + y} \Delta x' + \Delta x = \frac{z_1}{(z_2 + y)^2} \Delta y + \frac{1}{z_2 + y} \Delta z_1 - \frac{z_1}{(z_2 + y)^2} \Delta z_2$$

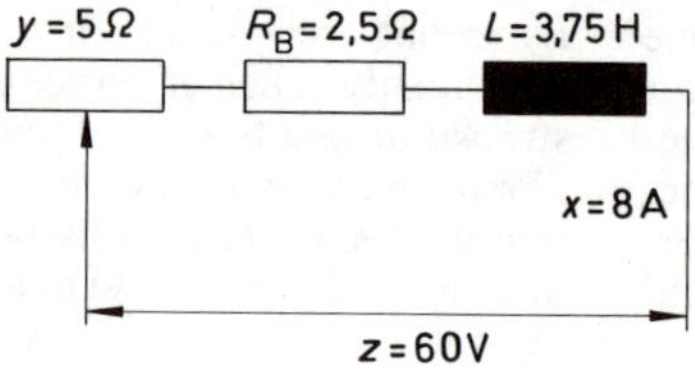

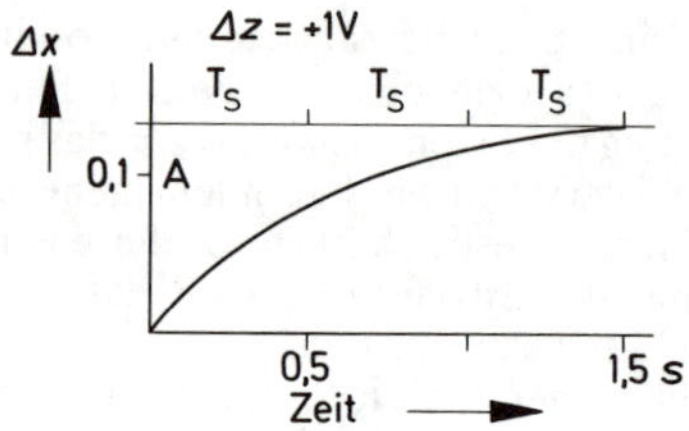

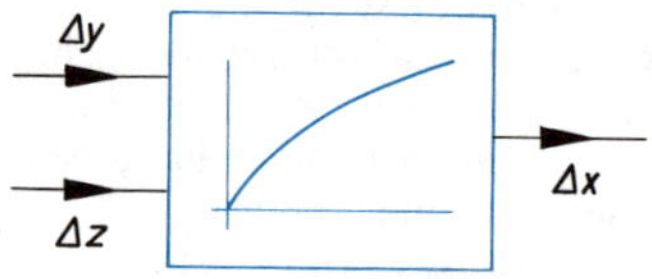

$$T_S \Delta x' + \Delta x = \pm K_{PS0} \Delta y \pm K_{PS1} \Delta z_1 \pm \pm K_{PS2} \Delta z_2$$

Im vorliegenden Fall gilt

$$0{,}5\ \Delta x' + \Delta x = -1{,}1\ \Delta y + 0{,}13\ \Delta z_1 - - 1{,}1\ \Delta z_2$$

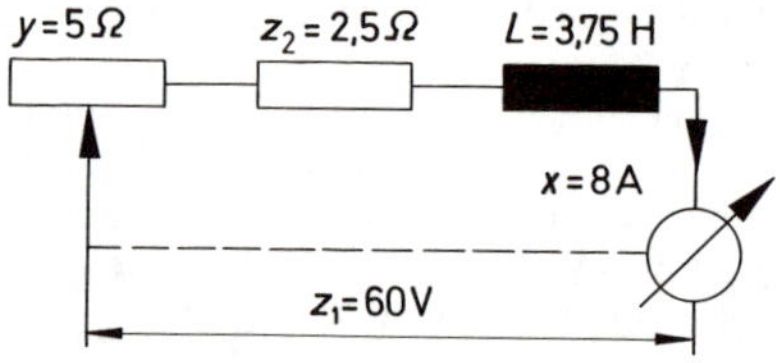

Das Zeitverhalten der Regelstrecke wurde bestimmt, um nunmehr das Verhalten des Regelkreises bei Störgrößenänderungen, das Störverhalten, bestimmen zu können. Regler sei dabei ein *P*-Regler. Ganz allgemein gilt dann:

Für die Regelstrecke:

$$T_S \Delta x' + \Delta x = \pm K_{PS0} \Delta y \pm K_{PS1} \Delta z_1 \pm \pm K_{PS2} \Delta z_2$$

Für den P-Regler:

$$\underline{\Delta y = \mp K_{PR0} \Delta x}$$

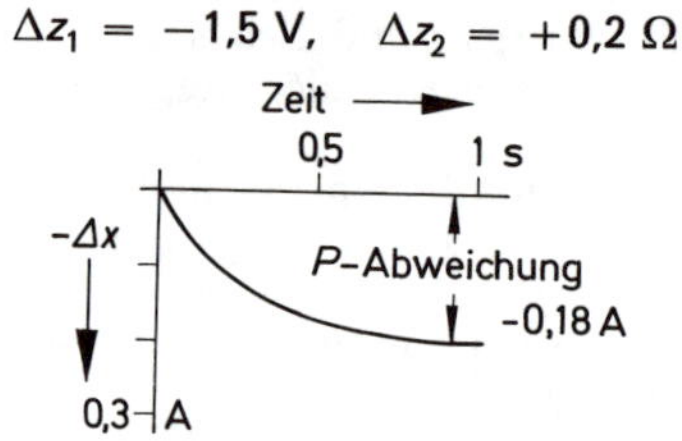

Für das Störverhalten des Regelkreises:

$$\Delta x = \frac{\pm K_{PS1} \Delta z_1 \pm K_{PS2} \Delta z_2}{1 + K_{PS0} K_{PR0}} \left(1 - e^{-t/n}\right)$$

$$n = \frac{T_S}{1 + K_{PS0} K_{PR0}}$$

Für die bleibende Regelgrößenänderung, die *P*-Abweichung x_E:

$$\Delta x_E = \frac{\pm K_{PS1} \Delta z_1 \pm K_{PS2} \Delta z_2}{1 + K_{PS0} K_{PR0}}$$

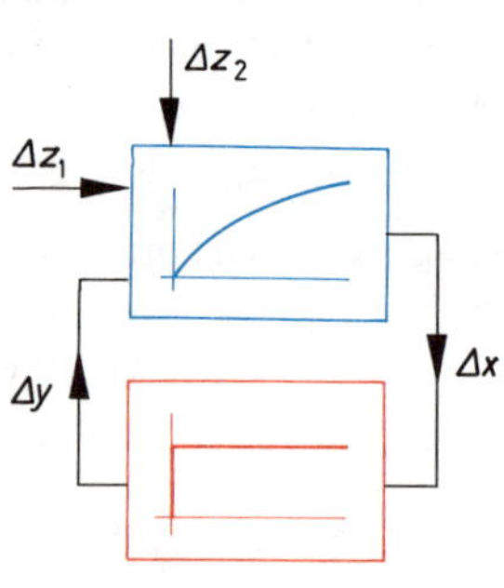

Sprungantwort des P-Reglers sei:

$$\underline{\Delta y = 1{,}2\,\Delta x}$$

Nur gedanklich, nicht praktisch realisierbar, kann als P-Regler ein Strommeßwerk angenommen werden.
Dabei gelte:

$$\Delta z_1 = -1{,}5\text{ V}, \quad \Delta z_2 = +0{,}2\,\Omega$$

Für das Störverhalten des Regelkreises ergibt sich darum

$$\Delta x = \frac{0{,}13 \cdot (-1{,}5) - 1{,}1 \cdot 0{,}2}{1 + 1{,}1 \cdot 1{,}2}\,(1 - 2{,}7182^{-t/n})$$

$$n = \frac{0{,}5}{1 + 1{,}1 \cdot 1{,}2} = 0{,}22\text{ s}$$

$$\Delta x_E = \frac{0{,}13 \cdot (-1{,}5) - 1{,}1 \cdot 0{,}2}{1 + 1{,}1 \cdot 1{,}2} = -0{,}18\text{ A}$$

Das heißt, die Stromstärke ändert sich bleibend von 8 A ausgehend um −0,18 A und wird so 7,82 A.

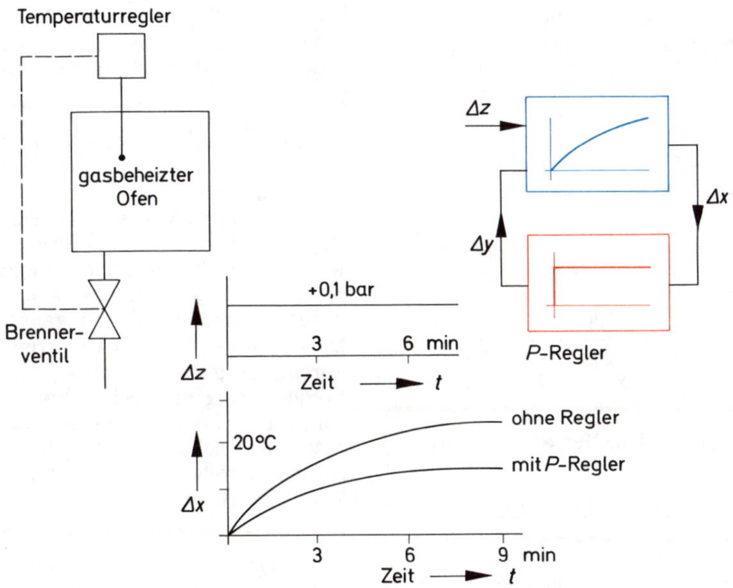

Nicht oft genug kann festgestellt werden, daß die Regelungstechnik, wie z.B. die Mathematik, allgemeingültig ist. Es gibt nicht eine Regelungstechnik für Elektrotechniker und eine für Maschinenbauer. Im vorliegenden Fall ist anzugeben, daß die bei einer Stromregelung bestimmte allgemeine Form für die Sprungantwort der Regelstrecke

$$T_S\,\Delta x' + \Delta x = \pm\, K_{PS0}\,\Delta y \pm K_{PS1}\,\Delta z$$

für alle Regelstrecken gilt, bei denen eine Regelgrößenänderung mit dem Auffüllen bzw. dem Entleeren eines Speichers verbunden ist. Eine solche Regelstrecke ist z.B. ein gasbeheizter Ofen, da bei ihm jede Regelgrößenänderung in Form einer Temperaturänderung mit dem **Auffüllen bzw. dem Entleeren des Ofens als Wärmespeicher** verbunden ist.
Bei dem gasbeheizten Ofen kommt es darum z.B. nach einem Öffnen des Brennerventils und der dadurch bedingten Verstärkung der Gaszufuhr nur allmählich zu einer Temperaturerhöhung. Es kann z.B. angenommen werden, daß sich erst nach 9 min die Verstärkung der Gaszufuhr voll ausgewirkt hat. Für die Zeitkonstante gilt dann

$$T_S = 3 \text{ min}$$

Die Verstärkung der Gaszufuhr kann

$$\Delta y = +0{,}4 \text{ m}^3/\text{h}$$

betragen. Der Höchstwert der so bedingten Temperaturerhöhung sei

$$\Delta x = +20\,°\text{C}$$

gegenüber der im Ofen aufrechtzuerhaltenden Temperatur von 600 °C. Es ergibt sich dann

$$K_{PS0} = \frac{+\Delta x}{+\Delta y} = \frac{20}{0{,}4} = 50 \frac{°\text{C}}{\text{m}^3/\text{h}}$$

Störend kann sich der Gasversorgungsdruck ändern. Es möge sich nach einer sprunghaften Erhöhung des Versorgungsdruckes um

$$\Delta z = +0{,}03 \text{ bar}$$

als Höchstwert der so bedingten Temperaturerhöhung ergeben

$$\Delta x = +7{,}5\,°\text{C}$$

Es gilt dann

$$K_{PS1} = \frac{+\Delta x}{+\Delta z} = \frac{7{,}5}{0{,}03} = 250 \frac{°\text{C}}{\text{bar}}$$

Sprungantwort für den Ofen als Regelstrekke ist somit

$$3\,\Delta x' + \Delta x = 50\,\Delta y + 250\,\Delta z$$

Wird für einen zu verwendenden *P*-Regler als Sprungantwort

$$\Delta y = -0{,}02\,\Delta x$$
$$(\Delta y \text{ in m}^3/\text{h},\ \Delta x \text{ in } °\text{C})$$

gewählt, so ergibt sich mit Hilfe der bei der beschriebenen Stromregelung angegebenen allgemeinen Beziehungen nach einer Störgrößenänderung

$$\Delta z = +0{,}1 \text{ bar}$$

als *P*-Abweichung im Regelkreis

$$\Delta x_E = +12{,}5\,°\text{C}$$

Durch die bisherigen Betrachtungen zeigte sich deutlich, was angekündigt war: In der Regelungstechnik dreht sich alles um das Zeitverhalten, so wie sich in der Elektrotechnik alles um die elektrischen Widerstände dreht. Das heißt, bei Regelstrecken, Reglern und Regelkreisen mußte bestimmt werden, was und wann etwas geschieht. Dazu wurden bisher die Sprungantworten der Regelkreisteile ermittelt, mit denen das Verhalten der Regelkreise feststellbar war.

Mit Hilfe der Sprungantworten ergaben sich einfach zu verfolgende Betrachtungen über elementare Grundlagen der Regelungstechnik. Alle jedoch, die sich vertieft mit der Regelungstechnik beschäftigen wollen oder müssen, kommen um Frequenzgangsbetrachtungen nicht herum.

Sie sollen durch die folgenden Zeilen an diese Frequenzgangsbetrachtungen herangeführt werden, mehr nicht.

Bei der Bestimmung des Frequenzganges für ein Regelkreisglied bzw. für einen ganzen Regelkreis wird festgestellt, wie sich der Regelkreisteil bzw. der ganze Regelkreis gegenüber den sinusförmigen Änderungen der Eingangsgröße verhält. **Dabei muß das ganze Frequenzspektrum durchgegangen werden.** Sinnvoll ist darum vom Frequenzgang zu sprechen. Von der kleinsten bis zur größten Frequenz übergehend ist somit festzustellen, welche sinusförmigen Änderungen der Ausgangsgröße sich im eingeschwungenen Zustand einstellen.

Genauer gesagt, muß untersucht werden, welche Phasenverschiebung und welches Amplitudenverhältnis zwischen der Ausgangsschwingung und der Eingangsschwingung im eingeschwungenen Zustand besteht.

So ist z.B. bei einem Elektrogerät als Regelkreisteil im eingeschwungenen Zustand zu bestimmen, wie sich die sinusförmig ändernde Stromstärke gegenüber der sinusförmig sich ändernden Versorgungsspannung verhält, welche Phasenverschiebung und welches Amplitudenverhältnis zwischen der Stromstärke und der Versorgungsspannung vorliegt. Auch hier ist von der kleinsten Frequenz bis zur größten Frequenz überzugehen.

In der Elektrotechnik ist diese Untersuchung alltäglich. Das Verhältnis zwischen der Stromstärke und der Spannung wird dabei Leitwert genannt. Darum kann der Frequenzgang eines Regelkreisgliedes auch Leitwert genannt werden.

Elektrotechnikern machen darum Frequenzgangsbetrachtungen erfahrungsgemäß wenig Schwierigkeiten. Schwerer ist die Situation bei anderen Interessenten. So haben es z.B. Kesselbauer nicht immer ganz leicht, wenn sie sich vorstellen sollen, daß der Frequenzgang für einen Kessel, das heißt die Phasenverschiebung und das Amplitudenverhältnis zwischen der sinusförmig ändernden Kesseltemperatur und der sich ebenfalls sinusförmig ändernden Brennstoffzufuhr, zu bestimmen ist.

Besteht nun z.B. die Schaltung eines Elektrogerätes aus dem ohmschen Widerstand R und der Induktivität L, so gilt für den Leitwert, genauer gesagt, den Wechselstrom-Leitwert bei der Kreisfrequenz ω und $j = \sqrt{-1}$

$$G_W = \frac{1}{R + j\,\omega\,L}$$

Dies dürfte in vielen Fällen bekannt sein. Nicht immer bekannt sein dürfte, wie zu der Formel für den Wechselstrom-Leitwert G_W zu gelangen ist, **wenn die Schaltung als Speicherstrecke mit Ausgleich betrachtet wird.** Für die Speicherstrecke mit Ausgleich galt als Sprungantwort

$$T_S\,\Delta x' + \Delta x = \pm\,K_{PS0}\,\Delta y$$

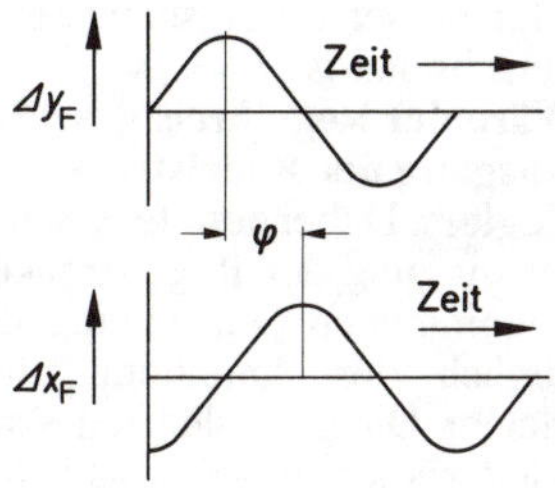

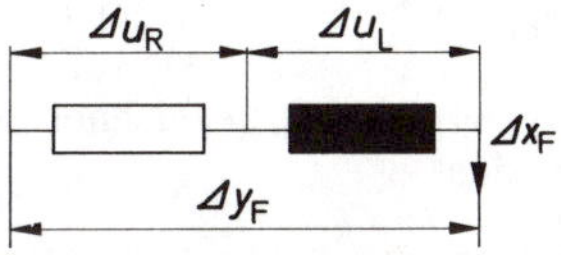

Dabei kann wie bei allen Stromkreisen festgestellt werden, daß die Gesamtspannung gleich der Summe der Teilspannungsabfälle ist. Es gilt, wenn mit Δx die Stromänderung bezeichnet wird, für die Änderung des Spannungsabfall Δu_R am ohmschen Widerstand R:

$$\Delta u_R = R\,\Delta x$$

Für die Änderung des Spannungsabfalles Δu_L am induktiven Widerstand gilt, wenn $\Delta x'$ die Änderungsgeschwindigkeit für die Stromstärke ist,

$$\Delta u_L = L \cdot \Delta x'$$

Für die gesamte Spannungsänderung gilt somit

$$\Delta u_L + \Delta u_R = \Delta y \quad \text{d.h.,}\ L\,\Delta x' + R\,\Delta x = \Delta y$$

Es kann somit gegenübergestellt werden:

$$T_S\,\Delta x' + \Delta x = \pm K_{PS0}\,\Delta y$$

entspricht

$$\frac{L}{R}\,\Delta x' + \Delta x = \frac{1}{R}\Delta y$$

Nun soll an die Stelle der Gleichspannungsänderung Δy eine Wechselspannungsänderung Δy_F gesetzt werden, bei der die maximale Änderung $\Delta y_{F\,max}$ ist. Dann gilt in Abhängigkeit von der Zeit t:

$$\Delta y_F = \Delta y_{Fmax}\,e^{j\omega t}$$

Für die um den Winkel φ phasenverschobene Stromänderung Δx_F gilt, wenn $\Delta x_{F\,max}$ die maximale Änderung ist, im eingeschwungenen Zustand

$$\Delta x_F = \Delta x_{F\,max}\, e^{j(\omega t + \varphi)}$$

Durch Differenzieren ergibt sich daraus

$$\frac{d\Delta x_F}{dt} = x'_F = j\omega\, \Delta x_{F\,max}\, e^{j(\omega t + \varphi)}$$

Werden die Bedingungen für Δx_F und Δy_F in der Sprungantwort berücksichtigt, so ergibt sich

$$\Delta x_{F\,max}\, e^{j(\omega t + \varphi)}\, (1 + j\omega\, T_S) = K_{PS\,0}\, \Delta y_{F\,max}\, e^{j\omega t}$$

Für den Frequenzgang als Leitwert gilt danach

$$\text{Leitwert} = \frac{\text{Stromänderung}}{\text{Spannungsänderung}}$$

$$= \frac{\Delta x_{F\,max}\, e^{j(\omega t + \varphi)}}{\Delta y_{F\,max}\, e^{j\omega t}} = \frac{K_{PS0}}{1 + j\omega\, T_S}$$

Wird der Frequenzgang mit $F_{S\,0}$ bezeichnet, so kann festgestellt werden

$$F_{S0} = \frac{\text{Ausgang}}{\text{Eingang}}$$

$$= \frac{\frac{1}{R}}{1 + j\omega\, L/R} = \frac{1}{R + j\omega\, L}$$

Der Frequenzgang F_{S0} entspricht somit dem Wechselstrom-Leitwert G_W, was zu beweisen war.

Analog gilt für die Speicherstrecke ohne Ausgleich:

Sprungantwort

$$\Delta x' = K_{IS0}\, \Delta y$$

Frequenzgang

$$F_{S\,0} = \frac{K_{IS0}}{j\omega}$$

Nun soll gezeigt werden, wie der Frequenzgang der Regelkreisglieder die Stabilität bzw. Unstabilität eines Regelkreises bestimmen läßt.
Dazu werde ein Regelkreis, bestehend aus Regelstrecke und Regler aufgetrennt. Die Auftrennung erfolge an der Verbindung des Ausgangs der Regelstrecke mit dem Eingang des Reglers, also an der Meßstelle für die Regelgröße. Am so freigesetzten Eingang des Reglers werde eine **sinusförmige Änderung der Regelgröße angenommen.** Im eingeschwungenen Zustand wird sich die Ausgangsgröße des Reglers, die Stellgröße, mit der gleichen Frequenz ändern. Im allgemeinen wird jedoch zwischen der sinusförmigen Änderung der Stellgröße und der sinusförmigen Änderung der Regelgröße eine Phasenverschiebung bestehen.
Die Stellgrößenschwingung gelangt bei den gewählten Bedingungen an den Eingang der Regelstrecke und bewirkt im eingeschwungenen Zustand eine sinusförmige Änderung der Regelgröße mit gleicher Frequenz. Wie beim Regler muß auch hier angenommen werden, daß im allgemeinen die Ausgangsschwingungen phasenverschoben ist.
Wäre der Regelkreis geschlossen, so käme der Ausgang der Regelstrecke an den Eingang des Reglers. Dabei könnte es sein, daß die Ausgangsschwingung der Regelstrecke der einleitend angenommenen Schwingung der Regelgröße bezüglich der Amplitude und der Phasenlage gleicht. Die geschilderten Vorgänge würden sich wiederholen. Ein Kreislauf würde jedem folgenden gleichen. Die Regelgröße würde sich laufend sinusförmig ändern. Der Regelkreis wäre somit unstabil.
So läßt sich gedanklich die Unstabilität eines Regelkreises bestimmen. Analog kann rechnerisch vorgegangen werden. An einem bereits beschriebenen Beispiel für einen unstabilen Regelkreis, einem Regelkreis aus *I*-Strecke und *I*-Regler, soll die rechnerische Bestimmung angewendet werden.
Für die am Ausgang der Regelstrecke sich einstellenden Regelgrößenänderungen Δx_F ergibt sich, wenn F_{S0} der entsprechende Frequenzgang ist, nach Stellgrößenänderungen Δy_F

$$F_{S0} = \frac{\Delta x_F}{\Delta y_F} \quad \text{somit} \quad \Delta x_F = F_{S0}\, \Delta y_F$$

Für den Regler mit dem Frequenzgang F_{R0} ergibt sich sinngemäß

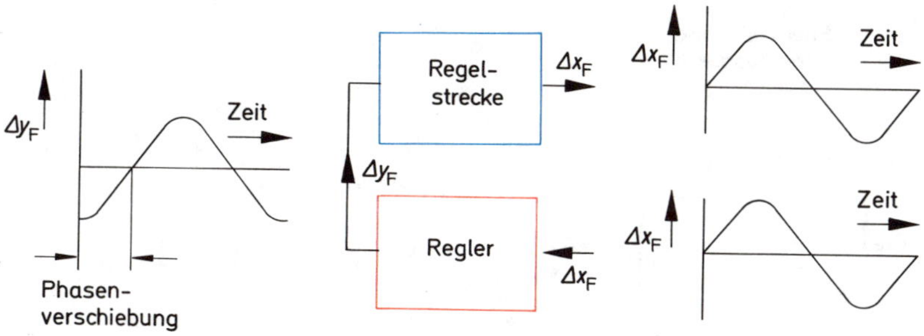

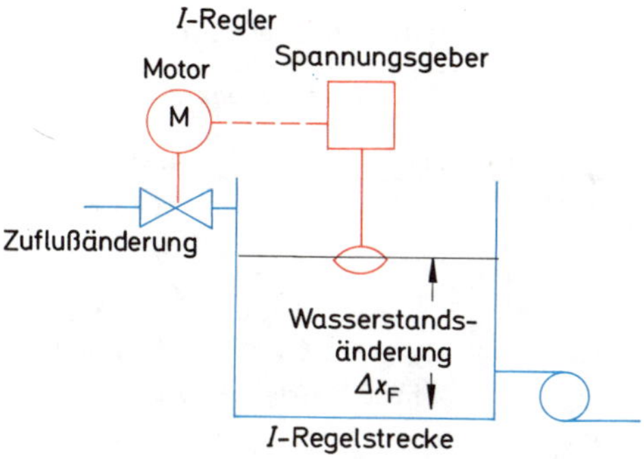

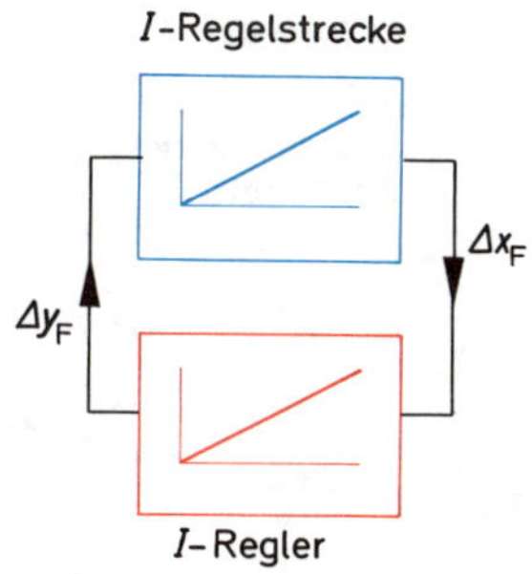

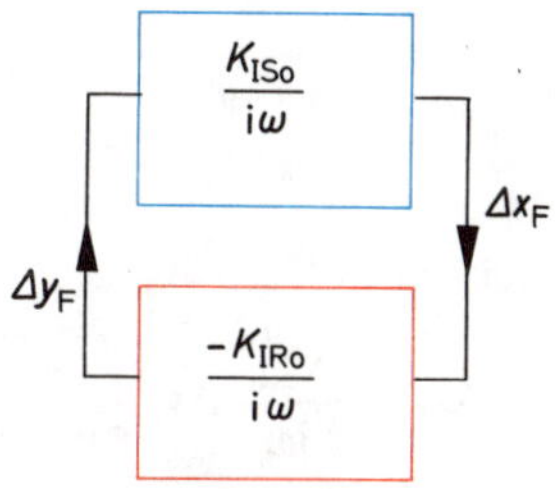

$$F_{R0} = \frac{\Delta y_F}{\Delta x_F}$$

somit

$$\Delta y_F = -F_{R0}\,\Delta x_F$$

bzw.

$$\Delta x_F = -\frac{\Delta y_F}{F_{R0}}$$

Das Minuszeichen berücksichtigt, daß der Regler so funktionieren muß, daß er einer Regelgrößenänderung entgegenwirkt.
Bei der Gleichsetzung der am Ausgang der Regelstrecke sich einstellenden Regelgrößenänderungen Δx_F mit den am Reglereingang angenommenen Regelgrößenänderungen ergibt sich folglich

$$F_{S0}\,\Delta y_F = -\frac{\Delta y_F}{F_{R0}}$$

bzw.

$$F_{S0}\,F_{R0} = -1$$

Ist das Produkt aus dem Frequenzgang F_{S0} der Regelstrecke und dem Frequenzgang F_{R0} des Reglers -1, so ist der Regelkreis unstabil.

Das muß bei dem Regelkreis aus *I*-Strecke und *I*-Regler zutreffen.

* H. Nyquist ETZ 1952, S. 251 und F. Strecker, Praktische Stabilitätsprüfung, Springer-Verlag 1950, S. 83.

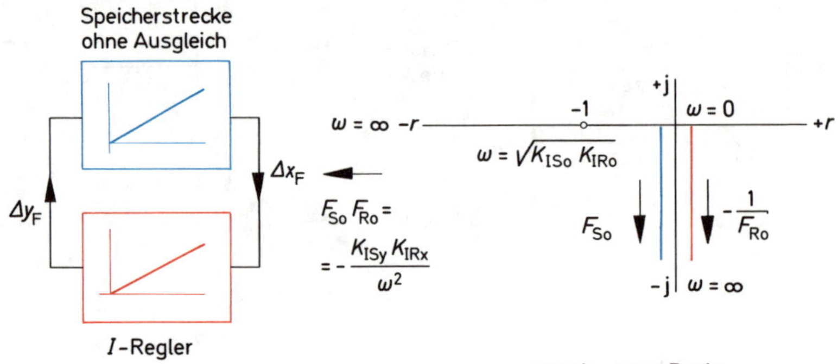

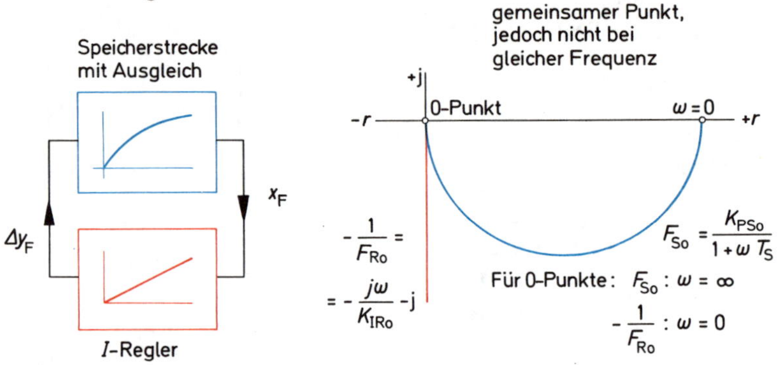

Für die *I*-Strecke gilt

$$\Delta x_F = \frac{K_{IS0}}{j\omega} \Delta y_F$$

Für den *I*-Regler gilt analog

$$\Delta x_F = -\frac{\Delta y_F}{K_{IR0}/j\omega}$$

Für das Produkt ergibt sich:

$$F_{S0} F_{R0} = \frac{K_{IS0}\, K_{IR0}}{\omega^2}$$

Als Frequenzgangsprodukt ergibt sich somit ein negativer reeller Wert. Zeichnerisch finden negative reelle Werte ihre Darstellung durch die negative reelle Zahlenlinie der Gaußschen Zahlenebene. **Diese Zahlenlinie geht durch den Wert −1.** Damit ist anschaulich bewiesen, daß der vorliegende Regelkreis unstabil ist.

Für das angegebene Stabilitätskriterium kann auch formuliert werden

$$F_{S0} = -\frac{1}{F_{R0}}$$

Somit kann festgestellt werden, daß ein Regelkreis unstabil ist, wenn bei einer bestimmten Frequenz der Frequenzgang der Regelstrecke dem negativen Kehrwert des Frequenzgangs des Reglers gleicht.

Die zeichnerische Darstellung des Frequenzgangs der Regelstrecke darf somit bei einer bestimmten Frequenz keinen gemeinsamen Punkt mit der zeichnerischen Darstellung des negativen Kehrwertes des Frequenzgangs des Reglers haben. Die Darstellungen dürfen sich somit bei einer bestimmten Frequenz nicht schneiden und nicht berühren.

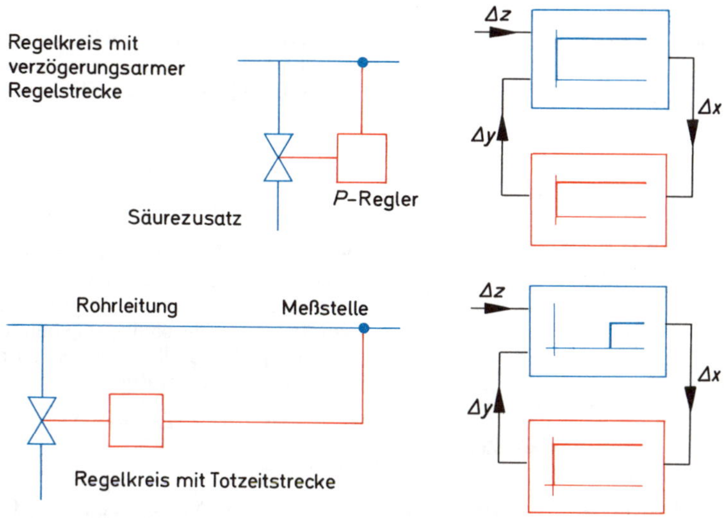

2.1.3. Stetige Regler an Totzeitstrecken

Bei Speicherstrecken kam es nach Eingangsänderungen zwar nur allmählich zu Ausgangsänderungen. Mit dem Ändern der Ausgangsgröße wurde jedoch unmittelbar nach der Eingangsänderung begonnen. Im Wasserbehälter begann unmittelbar nach einem Öffnen des Zuflußventils das Wasser zu steigen. **Es kann jedoch noch schlimmer kommen.**
Dazu braucht nur angenommen zu werden, daß das Zuflußventil vom Wasserbehälter abgesetzt angeordnet sei. Es vergeht dann eine gewisse Zeit, bis z.B. nach dem Öffnen des Zuflußventils der verstärkte Zufluß den Behälter erreicht.

> Während dieser Zeit geschieht im Behälter nichts. Sinnvoll ist, von einer Totzeit zu sprechen, die T_t bezeichnet wird.

Regelkreise, bei denen Regelstrecken mit Totzeit vorliegen, neigen zu unstabilem Verhalten. Das gilt es nachweisen.
Dazu werde die Regelung des pH-Wertes in einer Rohrleitung betrachtet, bei der durch Säurezusatz der pH-Wert beeinflußt wird. Für diese Regelung werde zunächst eine verzögerungsarme Regelstrecke angenommen. Dafür muß das Ventil zur Einstellung des Säurezusatzes in der Nähe der Meßstelle für den pH-Wert angebracht sein. Jede Verstellung des Ventils macht sich dann verzögerungsarm als Änderung des pH-Wertes bemerkbar.
Anschließend werde das Ventil entfernt von der Meßstelle angenommen. Eine Verstellung des Ventils macht sich dann erst nach einer bestimmten Totzeit an der Meßstelle als Änderung des pH-Wertes bemerkbar. Jetzt vergeht ja eine gewisse Zeit, bis der verstärkte bzw. verminderte Säurezusatz die Meßstelle erreicht. Während dieser Zeit geschieht an der Meßstelle nichts. So kann deutlich gemacht werden, wie sich eine Totzeit auf das Verhalten eines Regelkreises auswirkt. Regler sei in beiden Fällen ein *P*-Regler, der nach den bisherigen Betrachtungen gegenüber dem *I*-Regler mehr Stabilität bot.

Für die verzögerungsarme Regelstrecke gelte als Sprungantwort

$$\Delta x = 3\,\Delta y + 3\,\Delta z$$

Der Einfachheit halber werde auf die Meßeinheiten der Größen nicht näher eingegangen.
Für den verzögerungsarmen *P*-Regler gelte als Sprungantwort

$$\Delta y = -1 \cdot \Delta x$$

Für das Störverhalten des Regelkreises nach einer Störgrößenänderung $\Delta z = +1$ ergibt sich als bleibende Regelgrößenänderung, die *P*-Abweichung

$$\Delta x = +{}^3/_4$$

Nun soll untersucht werden, was geschieht, wenn für die Regelung eine Totzeit-Regelstrecke vorliegt.

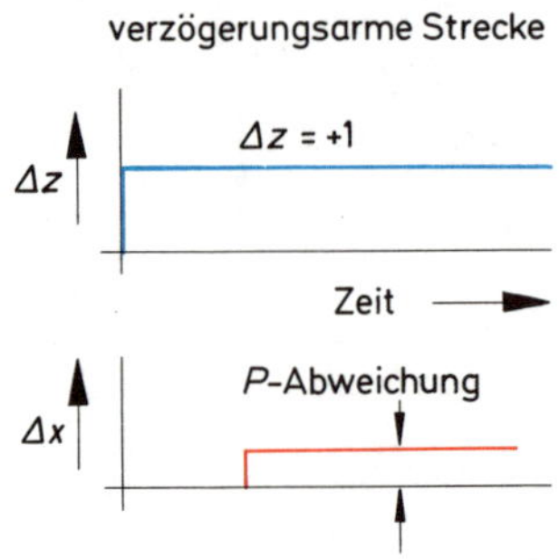

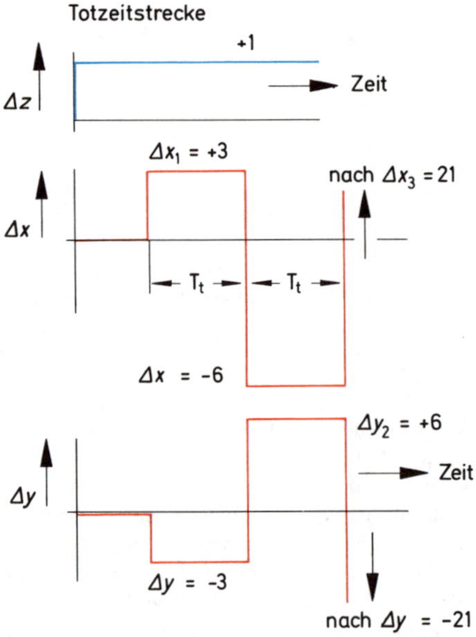

Wie bei der Annahme einer verzögerungsarmen Regelstrecke sei von einer Störgrößenänderung $\Delta z = +1$ ausgegangen. Die Störgrößenänderung könnte z.B. durch eine entsprechende Verschmutzung bedingt sein. Wird diese Verschmutzung an einer Stelle der Rohrleitung angenommen, die von der Meßstelle abgesetzt ist, so wird eine bestimmte Zeit vergehen, bis sich die Störgrößenänderung $\Delta z = +1$ an der Meßstelle auswirkt. Die Auswirkung an der Meßstelle erfolge verzögerungsarm. Es kommt somit an der Meßstelle zu einer Regelgrößenänderung, wie sie bei der Annahme einer verzögerungsarmen Regelstrecke bestimmt wurde. Für diese Regelgrößenänderung, die Δx_1 bezeichnet werde, gilt somit die Sprungantwort der Regelstrecke

$$\Delta x = 3\,\Delta y + 3\,\Delta z$$

Wie noch näher gezeigt wird, kommt es zunächst an der Meßstelle zu keiner Auswirkung einer Stellgrößenänderung. Es gilt somit

$$\Delta y = 0$$

Somit ergibt sich bei $\Delta z = +1$

$$\Delta x_1 = 3\,\Delta z = 3 \cdot 1 = 3$$

Nach dieser Regelgrößenänderung Δx_1 wird der angenommene verzögerungsarme *P*-Regler reagieren und sofort das Ventil für den Säurezusatz verstellen. Für die so sich ergebende Stellgrößenänderung Δy_1 ergibt sich nach der gewählten Sprungantwort des Reglers

$$\Delta y = -\Delta x$$

für $\Delta x_1 = 3$

$$\Delta y_1 = -\Delta x_1 = -3$$

Diese Stellgrößenänderung Δy_1 wirkt sich nicht sofort an der Meßstelle aus. Es vergeht vielmehr die Totzeit T_t, bis sich der geänderte Säurezusatz an der Meßstelle bemerkbar macht. Während der Totzeit bleibt somit die Regelgrößenänderung $\Delta x_1 = +3$ gleich. Wie sich die Regelgröße nach der Totzeit T_t ändert kann wieder mit der Sprungantwort

$$\Delta x = 3\,\Delta y + 3\,\Delta z$$

bestimmt werden. Jetzt ist für Δy die sich nunmehr auswirkende Stellgrößenänderung $\Delta y_1 = -3$ zu wählen. Die Störgrößenänderung soll unverändert $\Delta z = +1$ sein. Für die so sich ergebende Regelgrößenänderung, die Δx_2 genannt werde, ergibt sich

$$\Delta x_2 = 3\,(-3) + 3 \cdot 1 = -9 + 3 = -6$$

Nach dieser Regelgrößenänderung reagiert der *P*-Regler wieder verzögerungsarm. Unter Berücksichtigung der Sprungantwort des *P*-Reglers

$$\Delta y = -\Delta x$$

ergibt sich

$$\Delta y_2 = -\Delta x_2 = -(-6) = +6$$

Diese Stellgrößenänderung Δy_2 macht sich abermals nicht sofort an der Meßstelle bemerkbar. Der geänderte Säurezusatz wirkt sich wieder erst nach der Totzeit T_t aus. Die Reaktion verläuft verzögerungsarm und läßt sich mit der Sprungantwort

$$\Delta x = 3\,\Delta y + 3\,\Delta z$$

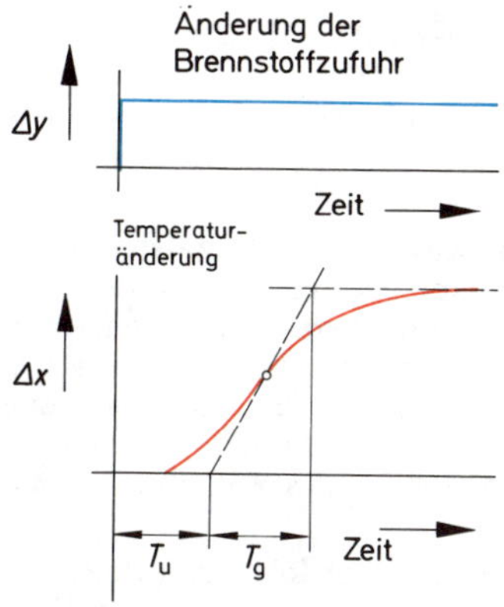

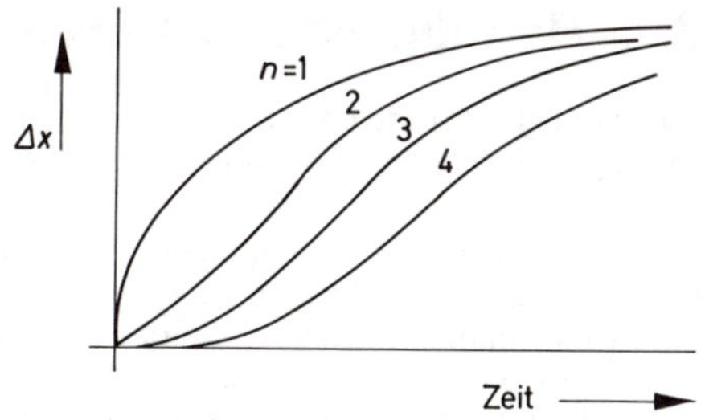

Sprungantwort bei zunehmender Speicherzahl (n = Anzahl der Speicher)

bestimmen. Unverändert ist $\Delta z = +1$. Folglich stellt sich als Änderung der Regelgröße, die Δx_3 genannt werde, ein

$$\Delta x_3 = 3\,(+6) + 3\,(+1) = 18 + 3 = +21$$

Durch den P-Regler kommt es nach dieser Regelgrößenänderung Δx_3 verzögerungsarm zu einer Stellgrößenänderung Δy_3, für die gilt

$$\Delta y_3 = -\Delta x_3 = -(+21) = -21$$

Der Regelkreis mit der Totzeitstrecke erweist sich somit als unstabil.

Bei den bisherigen Betrachtungen konnte von einer klar begrenzten Totzeit ausgegangen werden. Die Totzeit begann mit der sprunghaften Verstellung des Ventils und endete mit dem Zeitpunkt, bei dem der geänderte Säurezusatz die Meßstelle erreichte.

Es kann jedoch auch zu einer „nicht ganz echten Totzeit T_t" kommen. In diesem Fall ist von der Verzugszeit T_u zu sprechen. Bei einer Warmwasserheizung z.B., kommt es nach einer Verstärkung der Brennstoffzufuhr zunächst lediglich zu einer stärkeren Erwärmung des Kesselwassers. Zu einer Erhöhung der Raumtemperatur kommt es nicht. Erst wenn das verstärkt erwärmte Wasser die Heizkörper erreicht und die Temperatur der Heizkörper sich entsprechend erhöht hat, kommt es zu einem allmählichen Temperaturanstieg im Raum. Dabei ist der Zeitpunkt, bei dem die Raumtemperatur sich zu erhöhen beginnt, nicht exakt feststellbar. Man hilft sich folgendermaßen:

Dabei kann davon ausgegangen werden, daß die Kurve, die den Anstieg der Raumtemperatur beschreibt, S-förmig verläuft. Das heißt, die Kurve ist, von der Zeitachse her gesehen, zunächst nach innen und dann nach außen gekrümmt. Der Punkt, in dem der Übergang von der einen Krümmungsform in die andere erfolgt, heißt Wendepunkt. Als Ende der Verzugszeit T_u wird nun der Zeitpunkt vereinbart, an dem die Kurventangente im Wendepunkt die Zeitachse schneidet. Die Zeit nach der Verzugszeit T_u bis zum Erreichen des Beharrungszustandes wird Ausgleichszeit T_g genannt. Da wie bei der Verzugszeit auch bei der Ausgleichszeit der Endpunkt nicht exakt feststellbar ist, wird vereinbart, daß der Endpunkt der Zeitpunkt sei, in dem die Kurventangente im Wendepunkt den Temperaturwert im Beharrungszustand erreicht.

Das Verhältnis der Ausgleichszeit T_g zur Verzugszeit T_u, also T_g/T_u, wird vielfach als Maßstab für den sich beim Regeln einstellenden Schwierigkeitsgrad herangezogen. Dabei gilt die folgende Tabelle.

T_g/T_u	zu regeln
größer als 10	leicht
10 bis 3	schwer
kleiner als 3	sehr schwer

Verzugszeit und Ausgleichszeit hängen, wie man einsieht, von der Anzahl der hintereinandergeschalteten Speicher ab. Bei der beschriebenen Warmwasserheizung waren es 3 Speicher, das Warmwasser, die Heizkörper und die Raumluft, in denen bei der angenommenen Temperaturerhöhung Wärme gespeichert werden mußte. Sinnvoll wird von einer **Speicherstrecke 3. Ordnung mit Ausgleich** gesprochen. Für Speicherstrecken ohne Ausgleich gelten analoge Überlegungen.

2.2. Regelkreise mit Zweipunktreglern

Zweipunktregler werden sehr zahlreich verwendet, denn sie ermöglichen, insbesondere bei Temperaturregelungen, sehr preisgünstige Lösungen.

Um das Verhalten von Zweipunktreglern möglichst deutlich zu machen, soll wieder die Mathematik als Informationsmittel verwendet werden. Durch die folgenden mathematischen Betrachtungen soll somit nicht die Vorausberechnung von Regelkreisen mit Zweipunktreglern angestrebt werden.
Es ist dabei selbstverständlich sinnvoll, einen Regelkreis zu betrachten, bei dem das Verhalten von Zweipunktreglern mit einem möglichst geringen mathematischen Aufwand anschaulich zu machen ist. Das gilt für eine Wasserstandsregelung. **Daß in der Praxis Zweipunktregler meist für Temperaturregelungen verwendet werden, sei zunächst nicht beachtet.**

> Zweipunktregler können das Stellglied nur in zwei Stellungen bringen.

Für die zu betrachtende Wasserstandsregelung kann z.B. angenommen werden, daß der Zweipunktregler das Zuflußventil nur ganz auf- oder zumachen kann. Unter diesen Umständen ist zu fragen, welches **Störverhalten sich im Regelkreis** einstellt. Das heißt, es ist zu fragen, wie sich der Zweipunktregler gegenüber Störgrößenänderungen, z.B. in Form von Abflußänderungen verhält.
Bei Wasserstandsregelungen mit stetigen Reglern, z.B. *P*-Reglern, konnte leicht eingesehen werden, was geschah. Nach z.B. einer Abflußverstärkung öffnete der Regler das Zuflußventil so weit, bis wieder Gleichgewicht zwischen dem Zufluß und dem Abfluß erreicht war. Mit stetigen Reglern konnte das Zuflußventil in jede Zwischenstellung zwischen ganz zu und ganz auf gebracht werden.

Bei der Verwendung eines Zweipunktreglers kann das Zuflußventil nach einer Abflußverstärkung und dem so bedingten Absinken des Wasserspiegels das Zuflußventil nur ganz geöffnet werden. So kann es im allgemeinen nicht zu einem Gleichgewicht zwischen Zufluß und Abfluß kommen. Es stellt sich ein Pendeln des Wasserstandes um den Sollwert ein, was verständlich ist, wenn die folgenden Überlegungen berücksichtigt werden.

Zweipunktregler und Regelstrecke werden im allgemeinen eine Totzeit aufweisen. Der Zweipunktregler wird erst ansprechen, wenn der Sollwert über- bzw. unterschritten ist. Bei der Regelstrecke kann das Zuflußventil vom Behälter abgesetzt sein. Es vergeht dann eine Totzeit, bis sich eine Verstellung des Zuflußventils im Behälter auswirkt.

Das alles führt zur folgenden Betrachtung eines Regelungsvorganges. Es liege ein Wasserbehälter mit einem Querschnitt $A = 1\ \text{m}^2$ vor. Der Abfluß z werde durch eine Pumpe eingestellt und ist somit vom Wasserstand im Behälter unabhängig.
Der Wasserstands-Sollwert sei nun nicht erreicht. Dann wird der Zweipunktregler das Zuflußventil ganz öffnen. Der sich so einstellende Zufluß sei $Y_E = 10$ l/s. Als vorliegender Abfluß werde $z = 8$ l/s gewählt. Für einen in der Zeit t sich einstellenden Zuwachs v des Wasservolumens im Behälter gilt einerseits

$$v = (Y_E - z) \cdot t$$

Andererseits ergibt sich, wenn Δx die Änderung der Regelgröße x bzw. die Höhe des Wasservolumenzuwachses v ist.

$$v = A \cdot \Delta x$$

Zusammenfassend kann festgestellt werden:

$$(Y_E - z) \cdot = v = A \cdot \Delta x$$

Für die Geschwindigkeit, mit der das Wasser im Behälter steigt, kann somit ermittelt werden

$$v_1 = \frac{\Delta x}{t} = \frac{Y_E - z}{A}$$

Bei Berücksichtigung der gewählten Werte ergibt sich

$$v_1 = \frac{10 - 8}{1} = 2\ \text{mm/s}$$

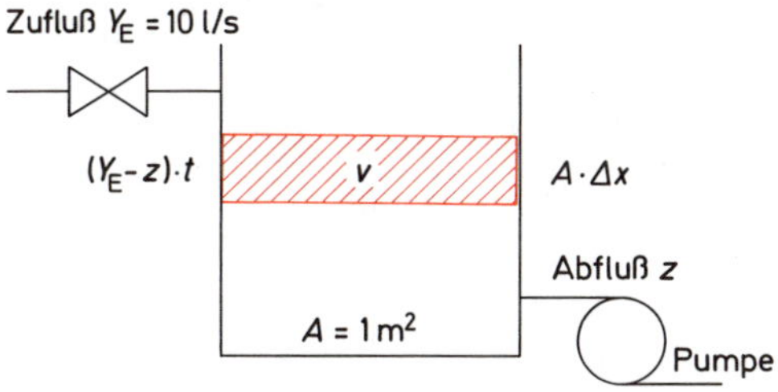

So wird der Sollwert des Wasserstandes erreicht. Der Zweipunktregler wird jedoch im allgemeinen nicht sofort nach dem Erreichen des Sollwertes ansprechen. Sind z.B. bei Zweipunktregler Kontakte zu öffnen, so könnten die Kontakte „kleben". Zum Öffnen der Kontakte kommt es dann erst, wenn der Sollwert überschritten ist.
Wenn die Kontakte geöffnet sind, kann angenommen werden, daß dann das Zuflußventil geschlossen wird. Es ist jedoch möglich, daß sich dieses Schließen des Zuflußventils nicht sofort im Behälter auswirkt. Es könnte zu einer Totzeit kommen. Das ist der Fall, wenn das Zuflußventil vom Behälter abgesetzt angeordnet ist. Das Wasser in der Rohrleitung zwischen dem Zuflußventil und dem Behälter wird dann nachfließen, auch wenn das Zuflußventil geschlossen ist.
Kommt es in der beschriebenen Form zu einer Totzeit bei der Regelstrecke, so wird das Wasser im Behälter über den Sollwert hinaus steigen: Es werde angenommen, das geschehe mit der errechneten Geschwindigkeit $v_1 = 2$ mm/s. Die sich so einstellende maximale Überschreitung $\Delta x_{1\,max}$ des Sollwertes läßt sich wie folgt berechnen. Es gilt nämlich, wenn T_t die vorliegende Totzeit ist:

$$\Delta x_{1\,max} = v_1\, T_1$$

Für die Totzeit T_t werde gewählt

$$T_t = 2\text{ s}$$

Im vorliegenden Fall ergibt sich dann

$$\Delta x_{1\,max} = 2\text{ mm/s} \cdot 2\text{ s} = 4\text{ mm}$$

Ist $\Delta x_{1\,max}$ erreicht, so wirkt sich das Schließen des Zuflußventils im Behälter aus und das Wasser beginnt zu sinken. Die Sinkgeschwindigkeit kann wie die Steigungsgeschwindigkeit bestimmt werden. Für die Steiggeschwindigkeit v_1 wurde angegeben

$$v_1 = \frac{Y_E - z}{A}$$

Für die Bestimmung der Sinkgeschwindigkeit v_2 ist der Zufluß $Y_E = 0$. Somit ergibt sich

$$v_2 = \frac{-z}{A}$$

Bei $z = 8$ l/s, wie angenommen wurde, und $A = 1\text{ m}^2$ läßt sich bestimmen

$$v_2 = \frac{-8}{1} = -8\text{ mm/s}$$

Der Wasserspiegel sinkt somit um -8 mm je Sekunde.
Mit dieser Geschwindigkeit erfolgt der Abbau von $\Delta x_{1\,max}$.
Das geschieht, wie leicht einzusehen ist, in 0,5 s.

$$4\text{ mm} - 8\text{ mm/s} \cdot 0{,}5\text{ s} = 0$$

Kommt es nun in der beschriebenen Form zu einer Totzeit $T_t = 2$ s, so wird das Wasser im Behälter unter den Sollwert sinken.
Analog zur Bestimmung der maximalen Überschreitung kann für die maximale Unterschreitung $\Delta x_{2\,max}$ ermittelt werden

$$\Delta x_{2\,max} = v_2\, T_t$$

$$= -8\text{ mm/s} \cdot 2\text{ s} = -16\text{ mm}$$

Beim Erreichen dieser maximalen Unterschreitung $\Delta x_{2\,max}$ erreicht das vom Zuflußventil heranfließende Wasser den Behälter. Der Wasserspiegel steigt dann wieder. Als Steiggeschwindigkeit stellt sich die Geschwindigkeit ein, die v_1 genannt wurde. Es ist die Steiggeschwindigkeit bei einem Zufluß von $Y_E = 10$ l/s und einem Abfluß $z = 8$ l/s, $v_1 = 2$ mm/s. Es ist wieder leicht einzusehen, daß mit dieser Geschwindigkeit der Sollwert nach 8 s erreicht wird.

$$-16\text{ mm} + 2\text{ mm/s} \cdot 8\text{ s} = 0$$

So wird der Sollwert erreicht, überschritten, und die beschriebenen Vorgänge wiederholen sich.
Bei diesen Vorgängen kommt es beim Über-

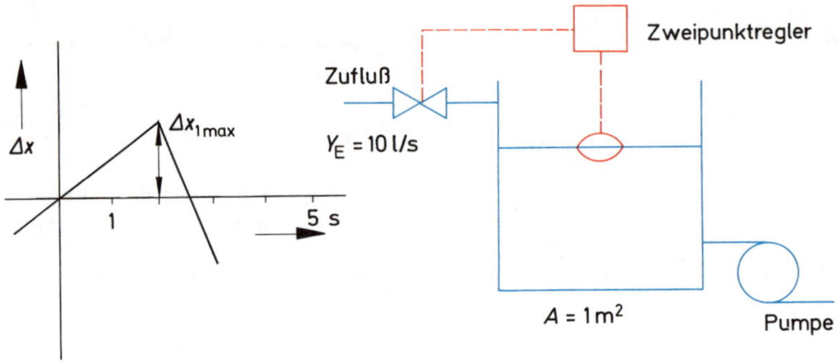

schreiten des Sollwertes zum Schließen des Zuflußventils. Das Ventil bleibt geschlossen, bis die Überschreitung des Sollwertes abgebaut ist. Die Schließzeit T_A setzt sich somit aus der Totzeit T_t = 2 s und einer Zeit von 0,5 s zusammen, während der $\Delta x_{1\,max}$ abgebaut wird.
Beim Unterschreiten des Sollwertes kommt es zum Öffnen des Zuflußventils. Das Ventil bleibt geöffnet, bis der Sollwert nach seiner Unterschreitung wieder erreicht ist. Die Öffnungszeit T_E setzt sich somit aus der Totzeit T_t = 2 s und einer Zeit von 8 s zusammen, während der die maximale Unterschreitung $\Delta x_{2\,max}$ ausgeglichen wird. Für eine Schaltperiode T, die aus einer Schließzeit T_A und einer Öffnungszeit T_E besteht, ergibt sich somit

$$T = T_A + T_E = 2{,}5 + 10 = 12{,}5 \text{ s}$$

Analog kann bei anderen Abflußwerten verfahren werden, z.B. bei den Abflußwerten z = 2 l/s und 5 l/s.

Zusammenfassend kann nun über das Störverhalten des Regelkreises folgende Tabelle angegeben werden:

z l/s	$\Delta x_{1\,max}$ mm	$\Delta x_{2\,max}$ mm	T_A s	T_E s	T s
2	+16	− 4	10	2,5	12,5
5	+10	−10	4	4	8
8	+ 4	−16	2,5	10	12,5

Durch die Tabelle kann deutlich erkannt werden, wie Zweipunktregler nach Störgrößenänderungen Regelgrößenänderungen entgegenwirken. Sie verändern das Größenverhältnis zwischen der Schließzeit und der Öffnungszeit. Bei einem

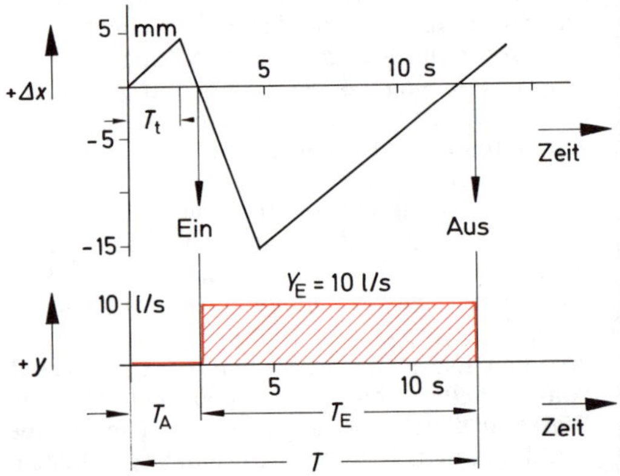

großen Abfluß, also einem großen Störgrößenwert, wird das Zuflußventil für eine längere Zeit geöffnet und für eine kürzere Zeit geschlossen. Bei einem kleinen Abfluß überwiegt die Schließzeit gegenüber der Öffnungszeit. Soll es dabei zu kleinen Regelgrößenänderungen gegenüber dem Sollwert kommen, so muß angestrebt werden:

> Kleine Totzeit für Regler und Regelstrecke.
> Kleine Änderungsgeschwindigkeit für die Regelgröße während der Totzeit.

Ohne Einfluß ist bei der beschriebenen Wasserstandsregelung mit einem Zweipunktregler die Wahl des Wasserstands-Sollwertes. Bei jedem Sollwert kommt es zu den angegebenen Vorgängen.
Bei Temperaturregelungen, für die Zweipunktregler vor allem verwendet werden, ist dagegen der Sollwert mitbestimmend. Die Regelstrecke ist bei Temperaturregelungen im allgemeinen eine Speicherstrecke höherer Ordnung. Die Sprungantwort verläuft somit, wie gezeigt wurde, S-

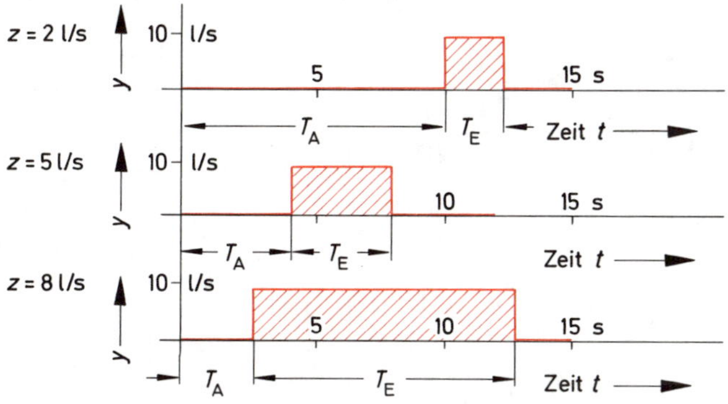

förmig. Näherungsweise kann jedoch angenommen werden, die Regelstrecke sei eine Regelstrecke 1. Ordnung mit Ausgleich und Totzeit. Als Sprungantwort für den Zeitbereich nach der Totzeit kann somit gewählt werden

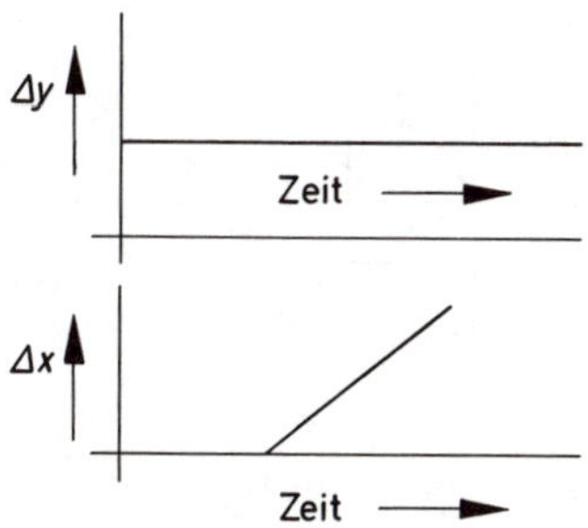

Wasserstandsregelung

$$T_S\,\Delta x' + \Delta x = \pm K_{PS0}\,\Delta y$$

Um dabei auf die Betrachtungen über die Wasserstandsregelungen mit einem Zweipunktregler zurückgreifen zu können, sei der durch diese Sprungantwort beschriebene Kurvenzug im Bereich um den jeweiligen Sollwert X_K **näherungsweise durch die Tangente an den Kurvenzug ersetzt.**

Der Tangentenverlauf kann durch die Zeitkonstante T_S bestimmt werden. Sie ist ja, wie bereits festgestellt wurde, die Zeit, die vergeht, bis der Endwert X_{max} erreicht wird, wenn der tangentiale Verlauf gewählt wird. Für die Geschwindigkeit v_1, mit der der Sollwert überschritten wird, gilt dann

$$v_1 = \frac{X_{max} - X_K}{T_S}$$

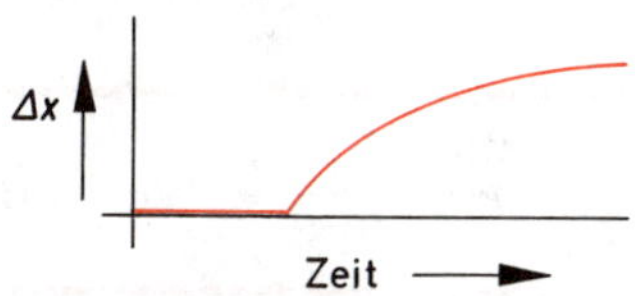

Temperaturregelung

Für die näherungsweise zu bestimmende maximale Überschreitung $\Delta x_{1\,max}$ des Sollwertes kann dann bestimmt werden, wenn T_t die Totzeit ist,

$$\Delta x_{1\,max} = v_1\,T_t = \frac{X_{max} - X_K}{T_S}\,T_t$$

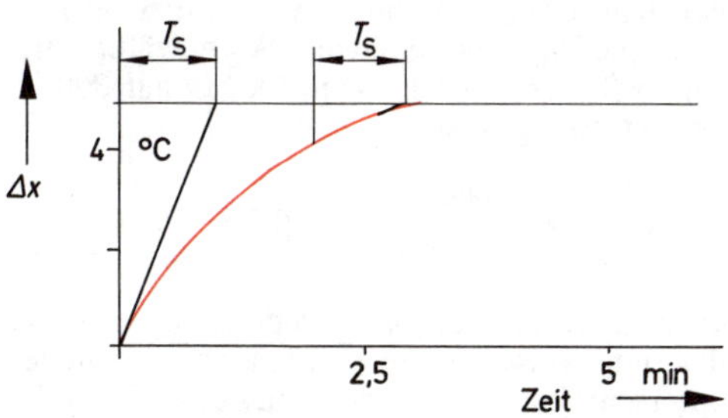

Erhöht sich z.B. bei einem Elektroofen nach dem Einschalten der Heizung die Übertemperatur gegenüber der Umgebungstemperatur auf einen

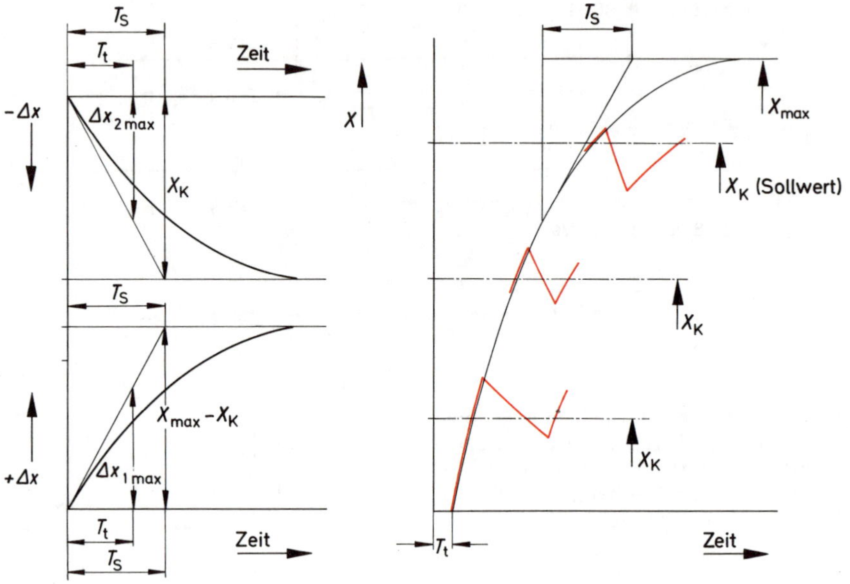

Beharrungswert $X_{max} = 1000\,°C$ und ist der aufrechtzuerhaltende Sollwert $X_K = 700\,°C$, so ergibt sich bei

$$T_t = 0{,}5 \text{ min}, \quad T_S = 10 \text{ min}$$

$$\Delta x_{1\,max} = \frac{1000 - 700}{10} \cdot 0{,}5 = 15\,°C$$

Diese Überlegungen zeigen, wie schon angekündigt wurde, daß bei Temperaturregelungen mit Zweipunktreglern die Wahl des Sollwertes mitbestimmend ist. Es läßt sich erkennen, daß die maximale Überschreitung $\Delta x_{1\,max}$ um so größer ist, je niedriger der Sollwert X_K gewählt wird. Wird z.B. der Sollwert von 700 °C auf 300 °C gesenkt, so ergibt sich

$$\Delta x_{1\,max} = \frac{1000 - 300}{10} \cdot 0{,}5 = 35\,°C$$

Analoge Überlegungen ergeben sich bei der näherungsweise zu bestimmenden maximalen Unterschreitung $\Delta x_{2\,max}$ des Sollwertes X_K. Wieder kann bei der Annahme eines tangentialen Verlaufs der Temperaturänderung eine gleichbleibende Geschwindigkeit v_2 bestimmt werden. Es kann dann festgestellt werden:

$$\Delta x_{2\,max} = v_2\,T_t = \frac{-X_K}{T_S}\,T_t$$

Die maximale Unterschreitung $\Delta x_{2\,max}$ des Sollwertes ist somit um so größer, je höher der Sollwert liegt. Es ergibt sich z.B.:

Für den Sollwert $X_K = 300\,°C$:

$$\Delta x_{2\,max} = \frac{-300}{10}\,0{,}5 = -15\,°C$$

Für den Sollwert $X_K = 700\,°C$:

$$\Delta x_{2\,max} = \frac{-700}{10}\,0{,}5 = -35\,°C$$

3. Anwendung der Grundlagen

beim Aufbau praktischer Regler und Regelungen

Nachdem Grundlagen der Regelungstechnik an elementaren Regelkreisen abgeleitet wurden, läßt sich der Aufbau praktischer Regler und Regelungen verständlich machen.

3.1. Aufbau von Reglern

Bei der Beschreibung des Aufbaus praktischer Regler wird sich zeigen, daß das Praktischste in der Regelungstechnik eine gute Theorie ist.

3.1.1. P-Regler

Regler müssen einerseits den vorliegenden Istwert der Regelgröße laufend messen und mit dem vorgegebenen Sollwert vergleichen. Andererseits müssen Regler den Ergebnissen des Vergleichs entsprechend die Stellgröße beeinflussen.

So müssen z.B. Druckregler den Istwert des zu regelnden Druckes laufend messen und mit dem gewünschten Sollwert vergleichen. Das Ergebnis dieses Vergleichs kann zur Betätigung eines Stellventils führen, wobei der Ventilquerschnitt als Stellgröße anzunehmen ist.
So wäre z.B. die Regelung des Druckes vor dem Brenner eines gasbeheizten Ofens denkbar. Bei einer solchen Regelung hat der Regler den Istwert des Druckes vor dem Brenner laufend zu messen und mit dem vorgegebenen Sollwert zu vergleichen. Anschließend hat der Regler das Brennerventil entsprechend zu verstellen. Sinkt der Druck vor dem Brenner, so hat der Regler das Ventil zu öffnen. Steigt der Druck, so ist durch den Regler der Ventilquerschnitt zu verkleinern.
An einem Beispiel für einen Druckregler, dem Regler des **Telepneu-Systems der Siemens AG,** werde gezeigt, wie das angegebene Verhalten eines Druckreglers praktisch erreicht wird. Dabei werde zunächst ein vereinfachter Aufbau des Reglers betrachtet. Das heißt, es **werde vorerst der Regler ohne Rückführung beschrieben.** In diesem Fall ist der Teil des Reglers, der den Istwert der Regelgröße laufend mißt und mit dem Sollwert vergleicht, eine Balgwaage mit zwei Metallfederbälgen. Dem einen Federbalg wird der Istwert des zu regelnden Druckes zugeführt, während in dem anderen Federbalg der gewünschte Sollwert des Druckes herrscht. Bei einer Änderung des zu regelnden Druckes gegenüber dem Sollwert erfolgt eine Auslenkung des Waagebalkens.

Durch die Auslenkung des Waagebalkens kommt es nicht unmittelbar zu einer Betätigung des Brennerventils. **Die Kraftwirkung, die von der Balgwaage ausgeht, ist zu schwach.** Sie reicht nur für die Steuerung von Druckluft aus, mit der dem Regler Hilfsenergie zugeführt wird. Es ist von einem Regler mit Hilfsenergie zu sprechen. Die Steuerung der Druckluft erfolgt mit einem sogenannten Kraftschalter, dem ein Druckverstärker nachgeschaltet ist. In dem Kraftschalter kommt es, wie noch näher gezeigt werden soll, nach einer Auslenkung des Waagebalkens zu einer Luftdruckänderung, z.B. zu einer Luftdruckvergrößerung, die durch den Verstärker, wie der Name sagt, verstärkt wird. Diese verstärkte Luftdruckerhöhung wird dem Brennerventil zugeführt und bewirkt dort eine Verkleinerung des Ventilquerschnitts.
Reglerteile werden, wie bereits gezeigt wurde, ebenso behandelt wie alle übrigen Regelkreisteile, das heißt, in jedem Fall kommt es regelungstechnisch gesehen, nur auf das Zeitverhalten an, das durch eine Sprungantwort zu erfassen ist. Das kann bei der angenommenen Druckregelung sehr deutlich gemacht werden. Dazu werde der bereits durchgeführten Bestimmung des Zeitverhaltens der Regelstrecke die Bestimmung des Zeitverhaltens beim Kraftschalter des Reglers gegenübergestellt.
Die Regelstrecke wurde als verzögerungsarmer

Regelkreisteil gekennzeichnet. Auch **der Kraftschalter verhält sich verzögerungsarm.** Eine Verstellung des Waagebalkens der Balgwaage bewirkt verzögerungsarm eine Druckänderung vor dem Verstärker. Die Weiterleitung des Signals erfolgt wie bei der Regelstrecke in einer kurzen und engen Rohrleitung. Kraftschalter und Regelstrecke können somit durch das gleiche Blockschaltzeichen symbolisiert werden.
Bei der Bestimmung der Sprungantwort wurde von der Kennliniengleichung ausgegangen, die sich zeichnerisch durch ein Kennlinienfeld ausdeuten läßt. In diesem Kennlinienfeld wurde ein den vorliegenden Betriebsbedingungen entsprechender Arbeitspunkt gewählt. Für den weiteren Weg zur Sprungantwort wurden kleine Änderungen der beteiligten Größen gegenüber ihren Werten im Arbeitspunkt zwingend vorausgesetzt. Nur bei kleinen Änderungen kann näherungsweise Proportionalität zwischen den Änderungen angenommen werden.

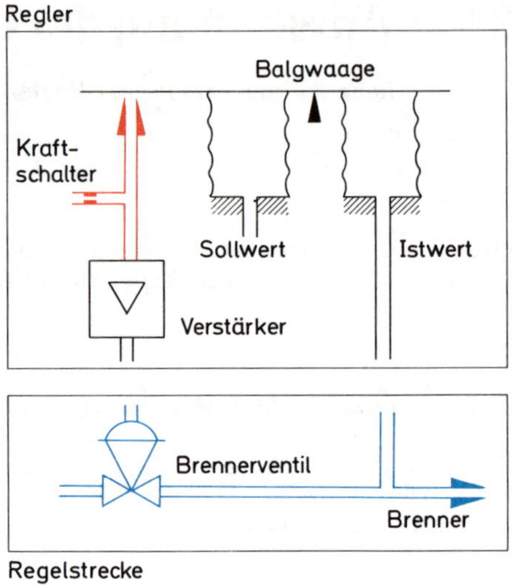

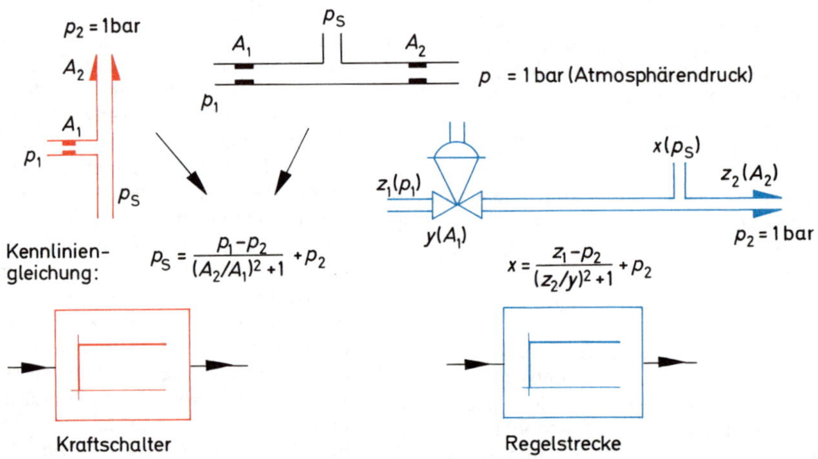

$$p_S = \frac{p_1 - p_2}{(A_2/A_1)^2 + 1} + p_2 \qquad x = \frac{z_1 - p_2}{(z_2/y)^2 + 1} + p_2$$

Zeichnerisch gedeutet wurden so für die Bestimmung der Sprungantwort die Betrachtungen auf ein kleines „Fenster" im Kennlinienfeld um den Arbeitspunkt herum begrenzt. In diesem Fenster kann ein geradliniger Kennlinienverlauf angenommen werden.
Die Kennliniengleichung des Kraftschalters entspricht der Kennliniengleichung der Regelstrecke. Im Kraftschalter wird wie in der Regelstrecke in einer Rohrleitung über zwei Drosselstellen der Eingangsdruck p_1 bzw. z_1 zunächst auf den Druck p_s bzw. x und dann auf den Atmosphärendruck heruntergestuft. Dazu wird einer der Drosselquerschnitte A_1 und A_2 bzw. y und z_2 geändert.
Bleibt beim Kraftschalter zu beschreiben, wie der Querschnitt A_2 der Ausgangsdrossel verstellt wird. Das heißt, es ist anzugeben, daß **der Querschnitt A_2 der Ausgangsdrossel verändert wird, indem einer Düse, aus der die Druckluft in die Atmosphäre entströmt, eine an der Balgwaage befestigte Platte mehr oder weniger genähert**

wird. Gegen die Platte prallt somit die Druckluft. Sie wird darum sinnvoll Prallplatte genannt. Die Luftstromdrosselung ergibt sich, da die Luft zwischen Düse und Prallplatte entströmen muß. Genauer gesagt muß die Luft die Mantelfläche des Zylinders mit dem Düsenquerschnitt als Grundfläche durchströmen. Je weiter der Abstand zwischen Düse und Prallplatte ist, um so größer ist der vorliegende Drosselquerschnitt A_2. Wird der Durchmesser des kreisrunden Düsenquerschnittes d_D genannt und ist der Abstand der Prallplatte von der Düse s, so gilt für den Drosselquerschnitt A_2 als Zylindermantelfläche

$$A_2 = d_D \pi s$$

Liegt die Prallplatte auf der Düse, ist $s = 0$, so gilt

$$A_2 = 0$$

Wird die Prallplatte von der Düse abgehoben, so wird mit zunehmendem Prallplattenabstand s der Querschnitt A_2 der Ausgangsdrossel immer größer, und der Druck p_s im Kraftschalter vor dem Verstärker sinkt.
So kann der Druck p_S bis zu einem Mindestwert reduziert werden. Kleiner als der Düsenquerschnitt A_D kann der Querschnitt A_2 der Ausgangsdrossel nicht werden.
Der Mindestwert von p_S wird somit erreicht, wenn gilt

$$A_2 = A_D$$

Für den kreisrunden Düsenquerschnitt A_D kann festgestellt werden

$$A_D = \frac{d_D^2 \pi}{4}$$

Damit folgt beim Mindestwert von p_S für den Maximalwert s_{max} von s

$$d_D \pi s_{max} = \frac{d_D^2 \pi}{4}$$

$$s_{max} = \frac{d_D}{4}$$

Nachdem nunmehr die Wirkungsweise des Kraftschalters und ihre Erfassung durch die Kennliniengleichung erklärt wurde, kann die **Sprungantwort des Kraftschalters** bestimmt werden. Dazu ist der **Arbeitspunkt** zu ermitteln.
Der Arbeitspunkt ergibt sich durch die weltweite Normung des Bereichs, in dem es bei pneumatischen Geräten zu Luftdruckänderungen kommt. Es reicht von **1,2 bis 2 bar.** Ist irgendwo auf der Welt z.B. ein Zuflußventil zu schließen, so ist der Membrandruck von 1,2 auf 2 bar zu erhöhen. Pneumatische Regler müssen selbstverständlich dieser Normung angepaßt sein. Sie müssen in diesem genormten Bereich nach oben und unten entsprechende Druckänderungen bewirken. **Der Arbeitspunkt des Kraftschalters liegt darum in der Mitte des genormten Bereichs, also bei 1,6 bar.**
Der Änderungsbereich um den Arbeitspunkt ist sehr eng. Er wird durch den nachfolgenden Verstärker auf den genormten Bereich ausgeweitet.
Es zeigt sich so, daß der Änderungsbereich klein genug ist, um von linearen Verhältnissen sprechen zu können. **Die Kennliniengleichung des Kraftschalters** erlaubt die Berechnung folgender Tabelle.

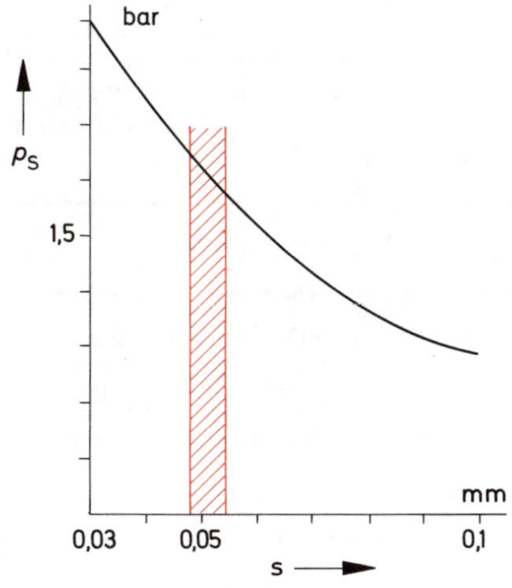

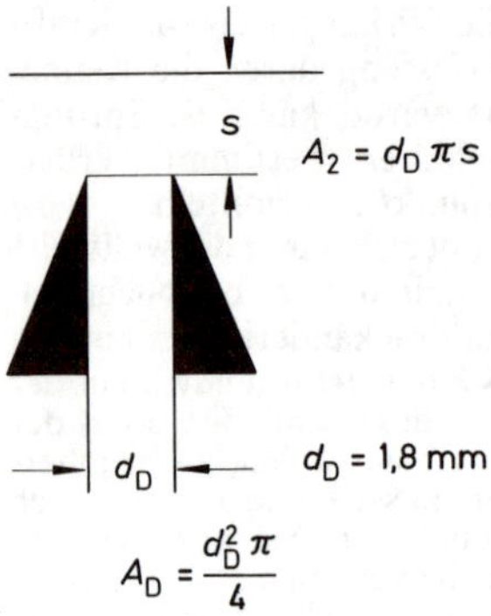

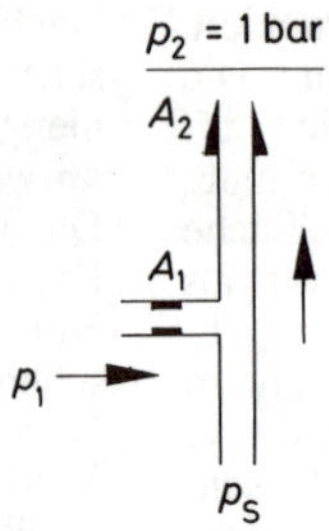

Kennliniengleichung:

$$p_S = \frac{p_1 - p_2}{(A_2/A_1)^2 + 1} + p_2$$

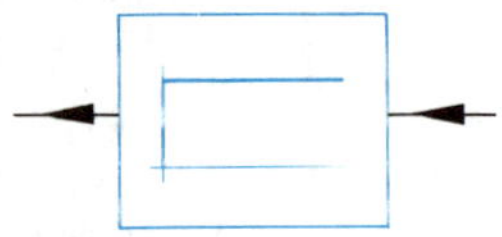

Sprungantwort
$\Delta y_K = -10\, \Delta e_K$
(Für $p_S = 1{,}6$ bar)

Bei $p_1 = 2{,}1$ bar, $A_1 = 0{,}33\ \text{mm}^2$					
Prallplattenabstand s in mm	0,049		0,051		0,053
Änderung von s, genannt Δe_K		+0,002		+0,002	
Druck p_S in bar	1,62		1,6		1,58
Änderung von p_S, genannt Δy_K		−0,02		−0,02	

Als Sprungantwort ergibt sich, wie es einem verzögerungsarmen Regelkreisglied entspricht, eine Proportion zwischen der Änderung Δy_K der Ausgangsgröße p_S und der Änderung Δe_K der Eingangsgröße s, somit

$$\Delta y_K = -K_{Pk}\, \Delta e_K$$

Für den Proportionalitätsfaktor K_{PK} gilt

$$K_{Pk} = \frac{\Delta y_K}{\Delta e_K} = \frac{-0{,}02}{+0{,}002} = -10\ \frac{\text{bar}}{\text{mm}}$$

Das bedingt

$$\Delta y_K = -10\, \Delta e_K$$

Am Kraftschalter kommt es zu sehr kleinen Wegen der Prallplatte. Maximal bewegt sich, so wurde angegeben, die Prallplatte um nur 0,004 mm. Dieser kleine Weg kann durch das Meßwerk zweifellos verzögerungsarm bewirkt werden.

Das Meßwerk ist somit ein verzögerungsarmer Teil des Reglers. Damit steht die Form der Sprungantwort des Meßwerks fest. Sie ist eine Proportion zwischen den Änderungen Δx der Regelgröße x und den Änderungen Δe_K des Prallplattenabstandes s von der Düse des Kraftschalters. Wird der Proportionalitätsfaktor K_{Pm} genannt, so ergibt sich als Sprungantwort für das Meßwerk

$$\Delta e_K = -K_{Pm}\, \Delta x$$

Nach einer Erhöhung des zu regelnden Druckes, also einer positiven Änderung $+\Delta x$, dehnt sich der entsprechende Federbalg nach oben aus, und es kommt zu einer Verminderung $-\Delta e_K$ des Prallplattenabstandes. Experimentell läßt sich feststellen, daß für den vorliegenden Regler gilt

$$\Delta e_K = -2\,\Delta x \quad (\Delta e_K \text{ in mm, } \Delta x \text{ in bar})$$

Als verzögerungsarm kann auch der dem Kraftschalter folgende Verstärker betrachtet werden. Der Druckänderungsbereich des Verstärkers ist, wie bereits angegeben wurde, genormt. Es kommt zu Druckänderungen im Bereich von 1,2 bis 2 bar, also um 0,8 bar. Sie sind die Änderungen der Ausgangsgröße des Reglers, der Stellgröße y, und werden darum Δy genannt. Vom Kraftschalter aus erfolgen dabei am Eingang des Verstärkers, Änderungen des Druckes p_S im Bereich von 1,58 bis 1,62 bar, also um $\Delta y_K = 0{,}04$ bar. Durch den Verstärker kommt es somit zu einer 20fachen Druckverstärkung. Der Proportion

$$\Delta y = K_{Pv}\,\Delta y_K$$

als Sprungantwort für den Verstärker, mit K_{PV} als Proportionalitätsfaktor entspricht somit

$$\Delta y = 20\,\Delta y_K \quad (\Delta y \text{ und } \Delta y_K \text{ in bar})$$

Zusammenfassende Analyse des Reglers ohne Rückführung

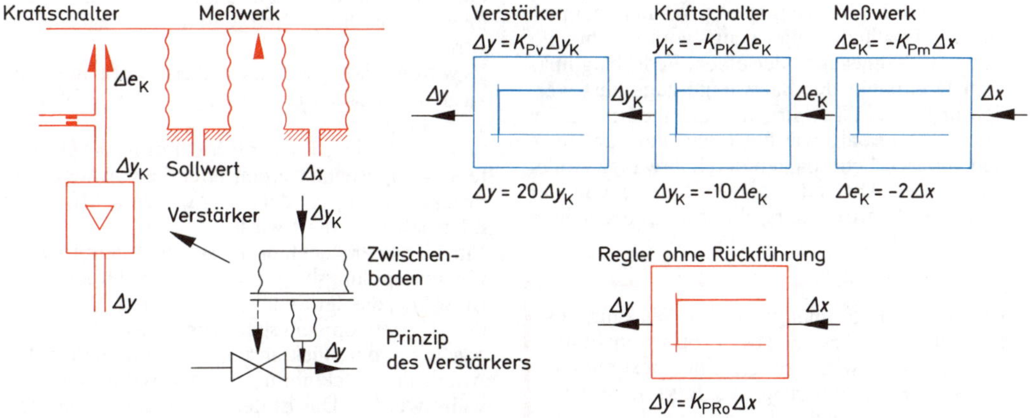

Neben der 20fachen Druckverstärkung wird übrigens durch den **Verstärker auch der Druckluftzufluß vergrößert** und so ein schnelles Betätigen des Stellgliedes, z.B. eines Membranventils, erreicht. **Die Wirkungsweise des Verstärkers** kann vereinfacht wie folgt erklärt werden. Die vom Kraftschalter ausgehenden Druckänderungen Δy_K werden einem Federbalg zugeführt. Dieser Federbalg hat eine 20fach größere wirksame Oberfläche als der Federbalg, in dem sich die vom Verstärker ausgehenden Druckänderungen Δy einstellen.

Die beiden Metallfederbälge wirken auf einen Zwischenboden, durch den es zur Betätigung eines Ventils kommt. Dies geschieht, da der Zwischenboden nur in Ruhe ist, wenn die Druckänderung Δy 20mal größer als die Druckänderung Δy_K ist. Bei zu kleinem Größenverhältnis der Druckänderungen wird das Ventil geöffnet. Ist das Größenverhältnis $\Delta y/\Delta y_K$, das K_{PV} bezeichnet wurde, zu groß, so wird die Druckänderung Δy durch eine entsprechende Entlüftung vermindert.

Ergänzend muß nunmehr gezeigt werden, wie beim vorliegenden *P*-Regler durch eine Rückführung das Zeitverhalten variiert werden kann. Einleitend soll dabei gezeigt werden, wie in seiner bekannten Sprungantwort

$$\Delta y = \pm K_{PR0} \Delta x$$

mit der Rückführung der Proportionalitätsfaktor K_{PR0} geändert werden kann.
Der Name sagt sehr treffend, wie das die Rückführung tut.

> Die Rückführung wirkt vom Ausgang des Reglers her in den Regler zurück.

Beim gewählten Regler des Telepneu-Systems der Siemens AG kommt es am Ausgang zu Stelldruckänderungen Δy. Sie wirken nun durch die Rückführung auf den Regler zurück. Die so gegebene Rückführwirkung kann unterstützen oder hemmen. Es kommt zu einer Mitkopplung oder zu einer Gegenkopplung.
Die Stelldruckänderungen Δy können nämlich einem Metallfederbalg rechts vom Drehpunkt der Federbalgwaage oder einem Federbalg links vom Drehpunkt der Balgwaage zugeführt werden. In jedem Fall bewirken Druckänderungen im Rückführungsbalg wie die Druckänderungen in den anderen Federbälgen der Balgwaage Änderungen des Abstandes der Prallplatte von der Düse des Kraftschalters, die mit Δr bezeichnet werden sollen.

> Bei der Mitkopplung wird die Wirkung des Reglers verstärkt, und der Proportionalitätsfaktor K_{PR0} wird größer. Einer bestimmten Regelgrößenänderung Δx folgt eine verstärkte Stelldruckänderung Δy.
> Bei der Gegenkopplung vermindert sich der Proportionalitätsfaktor K_{PR0}. Einer bestimmten Regelgrößenänderung Δx folgt eine kleinere Stelldruckänderung Δy.

Eine Rückführung, mit der K_{PR0} zu verändern ist, braucht keinesfalls ausschließlich eine Gegenkopplung oder eine Mitkopplung zu sein. Überlegungen, die später noch begründet werden sollen, führen zu Kombinationen. Das ist auch beim gewählten Regler der Fall.
Bei diesem Regler werden nämlich die Stelldruckänderungen Δy dem Gegenkopplungsbalg und dem Mitkopplungsbalg zugeführt. Allerdings wird dem Gegenkopplungsbalg die Druckänderung Δy ungeteilt und dem Mitkopplungsbalg geteilt zugeführt. Es befindet sich dazu vor dem Mitkopplungsbalg eine Druckteilung mit zwei Drosseln. Der Querschnitt A_1 der Eingangsdrossel ist einstellbar, der Querschnitt A_2 der Ausgangsdrossel ist dagegen konstant. Durch eine entsprechende Wahl des Querschnitts A_1 kann somit festgelegt werden, welcher Anteil der Stelldruckänderung Δy dem Mitkopplungsbalg zugeführt wird. Der verbleibende Rest wird am Mitkopplungsbalg vorbeigeführt. Dabei wurde zunächst angenommen, daß dieser Rest in die Atmosphäre geführt werde.
Damit ergibt sich ein Regler, dessen Wirkungsweise mit herkömmlichen Mitteln, insbesondere mit Kenntnissen aus der Mechanik bzw. der Pneumatik, wohl kaum bestimmt werden kann. Mit konventionellen Mitteln dürfte z.B. wohl kaum zu bestimmen sein, welche Änderung des Proportionalitätsfaktors K_{PR0} sich einstellt, wenn der Querschnitt A_1 von 0,1 auf 0,15 mm² vergrößert wird. Das ist herauszustellen, damit der Wert regelungstechnischer Betrachtungen erkennbar wird.
Es wurde schon gezeigt, wie diese Betrachtungen zu erfolgen haben. Einer Analyse hat eine Synthese zu folgen.
So kann als ein 1. Teil der Rückführung die Druckteilung angesehen werden, über die von der Stelldruckänderung Δy der Teil Δp_M dem Mitkopplungsbalg zugeführt wird.
Ein 2. Teil der Rückführung sei die Zuleitung zum Gegenkopplungsbalg, über die die Druckänderung Δp_G, die der Stelldruckänderung Δy gleicht, dem Gegenkopplungsbalg zugeführt wird.
Als 3. Teil der Rückführung kann schließlich der Anteil der Rückführung an der Balgwaage gewählt werden. Das ist der Waagebalken mit den beiden Rückführungsbälgen. Durch diesen Teil wird die Änderung Δr des Abstandes der Prallplatte von der Düse des Kraftschalters bewirkt. Die Abstandsänderung Δr richtet sich nach der Differenz der Druckänderungen Δp_G und Δp_M, also nach $\Delta p_G - \Delta p_M$. Die Druckänderung Δp_G ist ja immer größer als p_M.

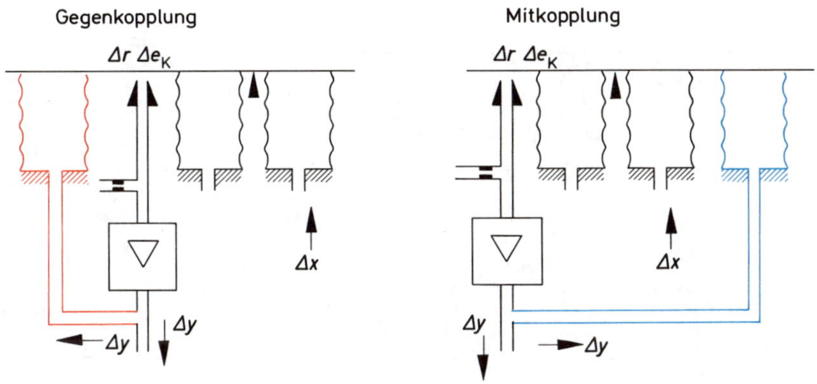
Gegenkopplung
Δr Δe_K
Δx
Δy
Δy
Mitkopplung
Δr Δe_K
Δx
Δy
Δy

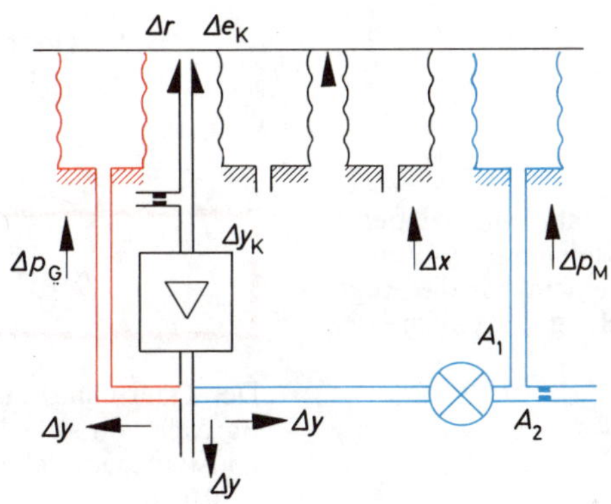
Δr Δe_K
Δy_K
Δp_G
Δx
Δp_M
A_1
A_2
Δy
Δy
Δy

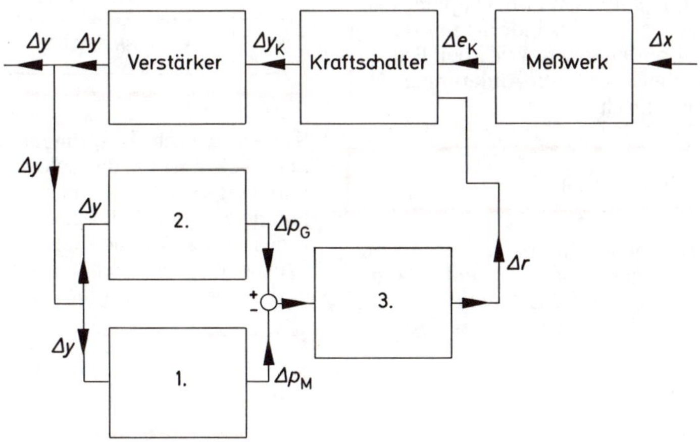
Δy
Δy
Verstärker
Δy_K
Kraftschalter
Δe_K
Meßwerk
Δx
Δy
Δy
2.
Δp_G
3.
Δr
+
-
Δy
1.
Δp_M

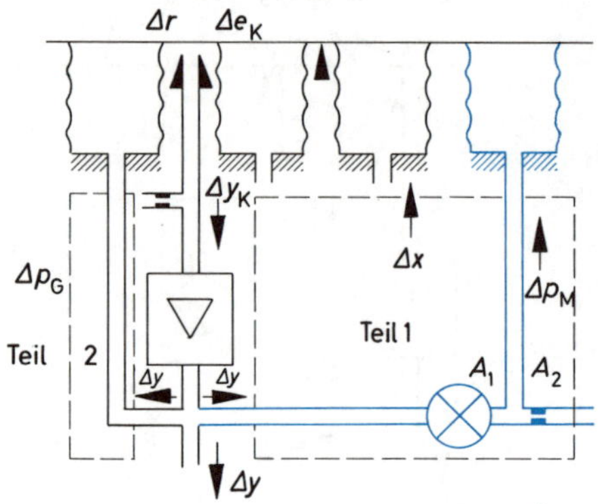

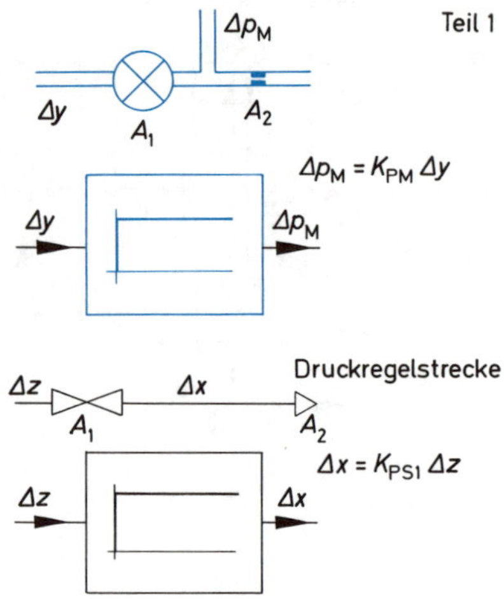

Vergleich von Teil 1
mit einer Druckregelstrecke

Nun zu Teil 1. Es trifft sich dabei gut, daß bereits für ein ähnliches Regelkreiselement das Zeitverhalten ermittelt wurde. Gemeint ist die Regelstrecke bei der Druckregelung vor einem Brenner. Es galt:

$$\Delta x = K_{PS\,1}\,\Delta z$$

$$K_{PS\,1} = \frac{1}{(A_2/y)^2 + 1}$$

Auch die Druckteilung vor dem Mitkopplungsbalg wirkt verzögerungsarm, denn zu den Druckänderungen Δp_M vor dem Mitkopplungsbalg kommt es nach Stelldruckänderungen Δy in kurzen, engen Rohrleitungen. Wird der Proportionalitätsfaktor zwischen den Änderungen K_{PM} genannt, so gilt folglich

$$\Delta p_M = K_{PM}\,\Delta y$$

Für den Proportionalitätsfaktor K_{PM} ergibt sich analog zur Bestimmung von $K_{PS\,1}$, wobei A_1 der Querschnitt der Eingangsdrossel und A_2 der konstante Querschnitt der Ausgangsdrossel ist,

$$K_{PM} = \frac{1}{(A_2/A_1)^2 + 1}$$

Der Querschnitt A_1 der Eingangsdrossel ist im Bereich von 0,05 bis 0,2 mm² verstellbar. Der konstante Querschnitt der Ausgangsdrossel ist A_2 = 0,07 mm².

				A_2 = 0,07 mm²
A_1	0,05	0,1	0,15	0,2 mm²
K_{PM}	0,33	0,66	0,83	0,9

Schnell läßt sich die Sprungantwort für den **Teil 2 der Rückführung,** die Zuleitung für den Gegenkopplungsbalg, bestimmen, denn über diese Zuleitung wird die Stelldruckänderung Δy verzögerungsarm als Druckänderung Δp_G zugeführt. Wird der entsprechende Proportionalitätsfaktor in der Sprungantwort K_{PG} genannt, so gilt

$$\Delta p_G = K_{PG}\,\Delta y$$

bzw.

$$\Delta p_G = \Delta y \quad (K_{PG} = 1)$$

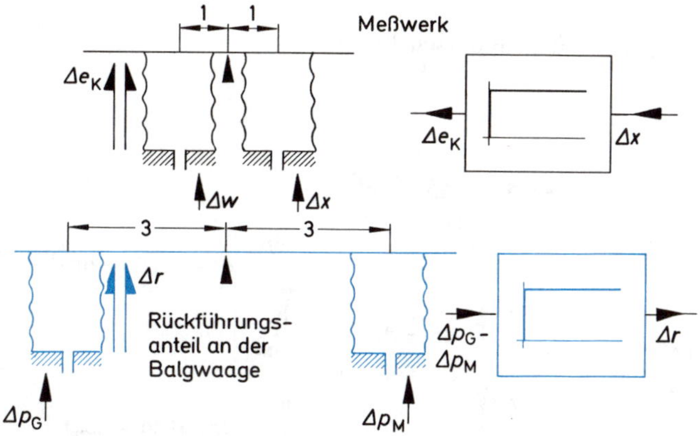

$$\Delta e_K = K_{PM}(\Delta w - \Delta x)$$
bzw. $\Delta w = 0$
$$\Delta e_K = -K_{Pm}\,\Delta x$$
$$\Delta e_K = -2\,\Delta x$$
(Δe_K in mm, Δx in bar)

$$\Delta r = K_{Pr}(\Delta p_G - \Delta p_M)$$
$$\Delta r = 6\,(\Delta p_G - \Delta p_M)$$

Die Sprungantwort von **Teil 3 der Rückführung** kann durch einen Vergleich mit dem Meßwerk des Reglers gefunden werden. Der Teil 3 der Rückführung besteht nämlich wie das Meßwerk aus zwei Metallfederbälgen am Waagebalken, die jeweils gleichweit vom Drehpunkt angeordnet sind.
Beim Meßwerk werden dem einen Federbalg die Regelgrößenänderungen Δx zugeführt. Zum anderen Federbalg gelangen frei wählbare Sollwertänderungen, die Δw genannt werden sollen. Die durch das Meßwerk bewirkten Abstandsänderungen Δe_K der Prallplatte von der Düse des Kraftschalters richten sich somit nach der Differenz $\Delta w - \Delta x$ der Druckänderungen. Mit K_{Pm} als den entsprechenden Proportionalitätsfaktor gilt somit

$$\Delta e_K = K_{Pm}(\Delta w - \Delta x)$$

Der Vereinfachung der Überlegungen wegen wurden bisher und sollen auch für die folgenden Überlegungen keine Sollwertänderungen angenommen werden. Damit ist

$$\Delta w = 0$$

Es wird somit stets von einem nach einer entsprechenden Wahl gleichbleibenden Sollwert ausgegangen. Folglich ist von einer **Festwertregelung** zu sprechen. Dann galt und gilt weiterhin als Sprungantwort für das Meßwerk

$$\Delta e_K = -K_{Pm}\,\Delta x$$
bzw. $\Delta e_K = -2\,\Delta x$ (Δe_K in mm, Δx in bar)

Beim Rückführungsanteil an der Balgwaage ändert sich der Druck in beiden Federbälgen. Es kommt zu Druckänderungen Δp_G im Gegenkopplungsbalg und zu Druckänderungen Δp_M im Mitkopplungsbalg. Diese Druckänderungen bewirken Änderungen Δr des Abstandes der Prallplatte von der Düse des Kraftschalters. Wird der entsprechende Proportionalitätsfaktor K_{Pr} genannt, so gilt somit

$$\Delta r = K_{Pr}\,(\Delta p_G - \Delta p_M)$$

Bezüglich des Proportionalitätsfaktors K_{Pr} muß berücksichtigt werden, daß die Rückführungsbälge an Hebelarmen angreifen, die dreimal so lang sind wie die Hebelarme, an denen die Meßwerkbälge wirken. Im Aufbau, das heißt in den Abmessungen, Materialeigenschaften usw. gleichen sich die Rückführungsbälge und die Meßwerkbälge.
Gleicht die Druckänderungsdifferenz $\Delta p_G - \Delta p_M$ im Rückführungsanteil an der Balgwaage der Druckänderungsdifferenz $\Delta w - \Delta x$ bzw. Δx im Meßwerk, so ist die Prallplatten-Abstandsänderung Δr, die durch den Rückführungsanteil bewirkt wird, dreimal so groß wie die Prallplatten-Abstandsänderung Δx, die das Meßwerk bewirkt.
Der Proportionalitätsfaktor K_{Pr} zwischen den Änderungsdifferenzen $\Delta p_G - \Delta p_M$ und den Prallplatten-Abstandsänderungen Δr ist somit dreimal so groß wie der zwischen den Regelgrößenänderungen Δx und den Prallplatten-Abstandsänderungen Δe_K.

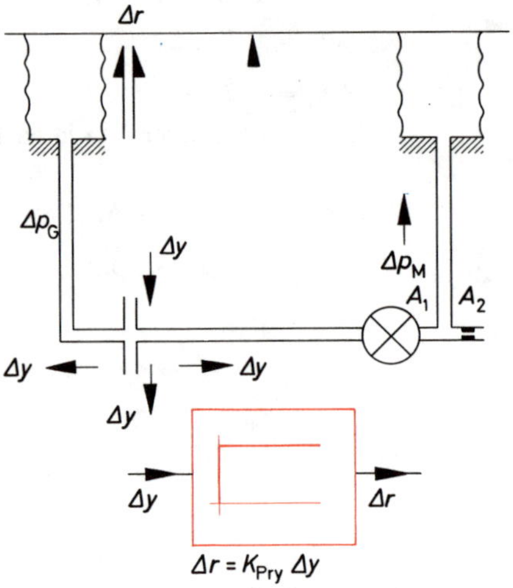

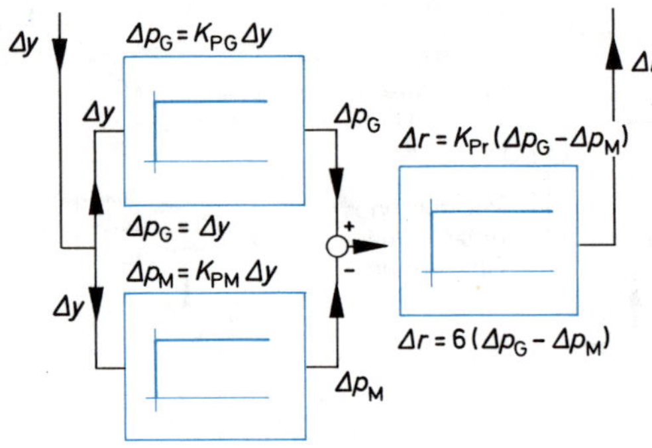

A_1	0,05	0,1	0,15	0,2 mm[5]
K_{PM}	0,33	0,66	0,83	0,9

Bezüglich des Vorzeichens muß beachtet werden, daß eine Druckerhöhung im Gegenkopplungsbalg, also eine positive Änderungsdifferenz $\Delta p_G - \Delta p_M$, eine Vergrößerung des Prallplattenabstandes und folglich eine positive Abstandsänderung Δr bewirkt. Es ergibt sich somit

$$\Delta r = +6\,(\Delta p_G - \Delta p_M)$$

Drei Dinge braucht, wie sich zeigte, im allgemeinen ein Regler: **ein Meßwerk, eine Verstärkerstufe und eine Rückführung.** Diese drei Dinge sollen nunmehr durch die Synthese der Einzelteile für den vorliegenden Regler gekennzeichnet werden. Mit der Rückführung sei begonnen.

Gesucht wird die **Sprungantwort für die ganze Rückführung.** Dabei ist klar, welche Form diese Sprungantwort haben muß. Es ist die Sprungantwort für ein verzögerungsarmes Glied, denn alle Teile der Rückführung sind verzögerungsarm. Die Sprungantwort für die Rückführung ist somit eine Proportion zwischen den Ausgangsänderungen und den Eingangsänderungen. Die Ausgangsänderungen sind die Änderungen Δr des Prallplattenabstandes von der Düse des Kraftschalters, wie sie die Rückführung bewirkt. Eingangsänderungen sind die Stelldruckänderungen Δy. Wird der Proportionalitätsfaktor zwischen den Änderungen K_{Pry} genannt, so gilt für die Sprungantwort der Rückführung

$$\Delta r = K_{Pry}\,\Delta y$$

Diese Proportion läßt sich mit den angegebenen Sprungantworten der Rückführungsteile leicht bestimmen. Dazu ist in der Sprungantwort für den Teil 3 zu berücksichtigen, was die Sprungantworten für die beiden anderen Teile über die Druckänderungen Δp_G und Δp_M aussagen. So ergibt sich

$$\Delta r = K_{Pr}\,(K_{PG}\,\Delta y - K_{PM}\,\Delta y)$$

Geändert läßt sich schreiben

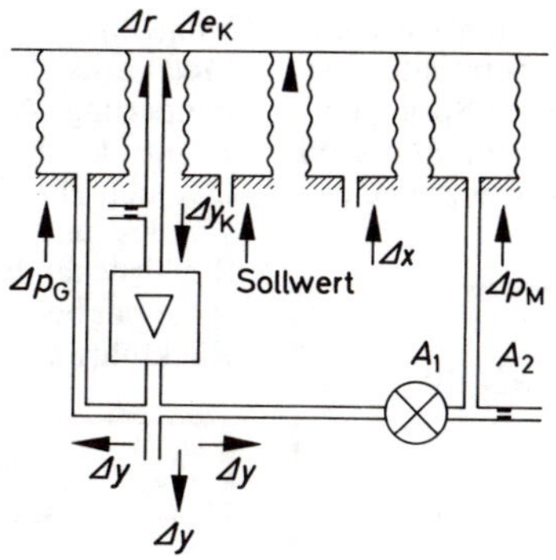

Analyse des Reglers mit Rückführung durch einen Blockschaltplan, dem das Zeitverhalten der Reglerteile zu entnehmen ist.

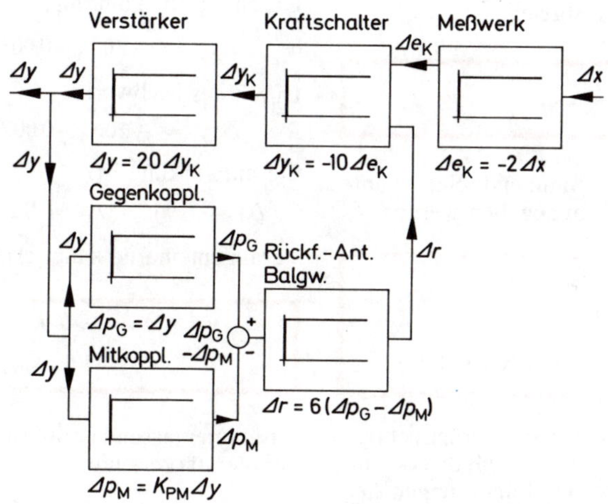

$$\Delta r = (K_{Pr} \cdot K_{PG} - K_{Pr} \cdot K_{PM})\, \Delta y$$

Für den Proportionalitätsfaktor in der Sprungantwort der Rückführung gilt somit

$$K_{Pry} = K_{Pr} \cdot K_{PG} - K_{Pr} \cdot K_{PM}$$

Damit ergibt sich

A_1	0,05	0,1	0,15	0,2 mm²
K_{PM}	0,33	0,66	0,83	0,9
K_{Pry}	4	2	1	0,6 mm/bar

Nun zur Verstärkerstufe, die, wie die Rückführung, getrennt vom Regler zu betrachten ist. Dabei ist von den bisher ermittelten Sprungantworten der zwei Teile der Verstärkerstufe, dem Kraftschalter und dem Verstärker, auszugehen. Es galt

für den Kraftschalter:

$$\Delta y_K = -K_{Pk} \Delta e_K \quad \text{bzw.} \quad \Delta y_K = -10\, \Delta e_K$$

für den Verstärker:

$$\Delta y = K_{Pv} \Delta y_K \quad \text{bzw.} \quad \Delta y = 20\, \Delta y_K$$

Wird in der Sprungantwort für den Verstärker berücksichtigt, was die Sprungantwort des Kraftschalters über Δy_K aussagt, so ergibt sich

$$\Delta y = -K_{Pv} K_{Pk} \Delta e_K$$

Wird zusammenfassend festgelegt

$$K_{Pv} K_{Pk} = K_{PvK}$$

so kann als bis jetzt zu bestimmende Sprungantwort der Verstärkerstufe angegeben werden

$$\Delta y = -K_{PvK}\, \Delta e_K$$

bzw.

$$\Delta y = -200\, \Delta e_K \; (\Delta y \text{ in bar}, \Delta e_K \text{ in mm})$$

Bei dieser Sprungantwort wird berücksichtigt, daß auf die Verstärkerstufe das Meßwerk einwirkt und Prallplatten-Abstandsänderungen Δe_K verursacht. Doch auch die Rückführung greift ein und bedingt Prallplatten-Abstandsänderungen Δr.

Darum ist die Verstärkerstufe nochmals zu betrachten. Mit der bisher bestimmten Sprungantwort konnte festgestellt werden, daß eine durch das Meßwerk bewirkte Abstandsverminderung um z.B. $\Delta e_K = -0{,}004$ mm eine Stelldruckänderung

$$\Delta y = -200\,(-0{,}004) = +0{,}8 \text{ bar}$$

verursacht. Es dürfte einzusehen sein, daß bei der Verstärkerstufe sich die gleiche Stelldruckerhöhung $\Delta y = +0{,}8$ bar einstellt, wenn statt des Meßwerks die Rückführung eine Abstandsverminderung $\Delta r = -0{,}004$ bar hervorruft. Es könnte auch, scherzhaft angenommen, mit dem Daumen eine Verminderung des Prallplattenabstandes um $-0{,}004$ mm bewirkt werden. Die Stelldruckänderung würde auch dann $\Delta y = +0{,}8$ bar betragen. Bezüglich der Einwirkung der Rückführung kann darum festgestellt werden

$$\Delta y = -200\, \Delta r \quad \text{bzw.} \quad \Delta y = -K_{Pvk} \Delta r$$

Was geschieht, wenn es an der Verstärkerstufe zu Prallplatten-Abstandsänderungen Δr von seiten der Rückführung und Abstandsänderungen Δe_K durch das Meßwerk kommt, zeigt am besten ein Zahlenbeispiel. Dabei sei

$$\Delta r = -0{,}001 \text{ mm} \qquad \Delta e_K = -0{,}002 \text{ mm}$$

Die mit diesen Abstandsänderungen bedingten Stelldruckänderungen sind:
Durch die Rückführung,

$$\Delta y_1 = -200\,(-0{,}001) = +0{,}2 \text{ bar}$$

Durch das Meßwerk,

$$\Delta y_2 = -200\,(-0{,}002) = +0{,}4 \text{ bar}$$

Gesamtwirkung ist:

$$\Delta y_1 + \Delta y_2 = \Delta y = 0{,}2 + 0{,}4 = 0{,}6 \text{ bar}$$

Verallgemeinernd kann festgestellt werden

$$\Delta y_1 = -K_{Pvk} \Delta r$$
$$\Delta y_2 = -K_{Pvk} \Delta e_K$$

Zusammenfassend ergibt sich als Sprungantwort der Verstärkerstufe

$$\Delta y_1 + \Delta y_2 = \Delta y = -K_{Pvk} \Delta r - K_{Pvk} \Delta e_K$$

Nach der bis jetzt durchgeführten Synthese können die angekündigten drei Hauptteile von Reglern: Meßwerk, Verstärkerstufe und Rückführung, für den vorliegenden Regler herausgestellt werden. Der sich so ergebende Blockschaltplan läßt als Kernstück einen Wirkungskreis aus der Verstärkerstufe und der Rückführung erkennen, der Rückführungskreis zu nennen ist.
Nur der Blockschaltplan läßt den Rückführungskreis deutlich sichtbar werden, was erneut

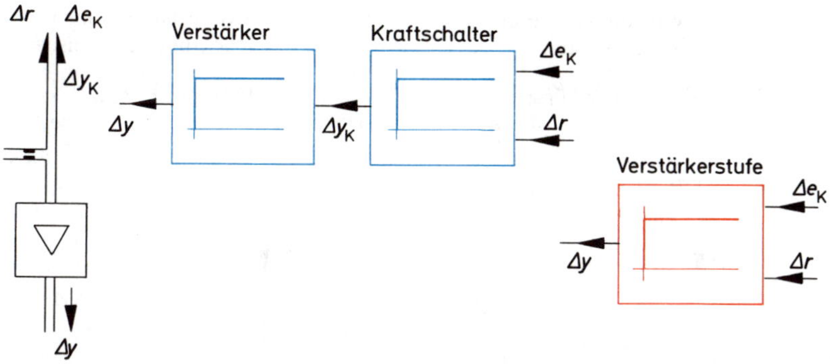

die Bedeutung von Blockschaltplänen unterstreicht. Der Praktiker, der sich gegen die Verwendung von Blockschaltplänen sträubt und nur den ihm sichtbaren Aufbau von Reglern betrachtet, wird sehr schwer den Rückführungskreis erkennen. Ohne die Verwendung von Blockschaltplänen wird auch eine entscheidende Analogie nicht sichtbar sein.

Gemeint ist die Analogie zwischen dem Rückführungskreis und einem Regelkreis. **Rückführungskreis und Regelkreis sind nämlich gleichsinnig sich verhaltende Wirkungskreise.** Diese Gleichsinnigkeit wird leicht verständlich, wenn für beide Wirkungskreise Blockschaltpläne, die das Zeitverhalten der Wirkungskreisteile angeben, gegenübergestellt werden. Der Praktiker, der über die dafür notwendigen regelungstechnischen Kenntnisse nicht verfügt, wird keine Gemeinsamkeiten zwischen dem Reglermechanismus und einem Regelkreis sich klarmachen können.

Ist jedoch bekannt, daß es in der Regelungstechnik nur auf das Zeitverhalten der Wirkungskreisteile und nicht auf ihren Aufbau ankommt, so ist leicht zu erkennen, daß eine Gegenüberstellung möglich ist. Der Rückführungskreis des Reglers entspricht einem schon behandelten Regelkreis, einem Regelkreis mit einer verzögerungsarmen Regelstrecke und einem verzögerungsarmen *P*-Regler. Dem Regler im Regelkreis entspricht die Rückführung im Rückführungskreis, der Regelstrecke steht die Verstärkerstufe gegenüber. **Scherzhaft könnte somit gesagt werden, daß Regler mit Rückführungen „geregelte Regler" sind.**

Ein Regelkreis mit einer verzögerungsarmen Regelstrecke und einem verzögerungsarmen *P*-Regler lag z.B. bei der Druckregelung für einen Brenner vor. Dabei wurde von der Sprungantwort der Regelstrecke ausgegangen, die für einen vorgegebenen Arbeitspunkt bestimmt werden konnte. War vor dem Brenner ein Druck von 1,6 bar aufrechtzuerhalten, so galt als Sprungantwort

$$\Delta x = 0{,}012\,\Delta y + 0{,}8\,\Delta z$$

(Δx und Δz in bar, Δy in mm²)

Für den verzögerungsarmen *P*-Regler konnte als Sprungantwort

$$\Delta y = -40\,\Delta x \quad (\Delta x \text{ in bar, } \Delta y \text{ in mm}^2)$$

gewählt werden.

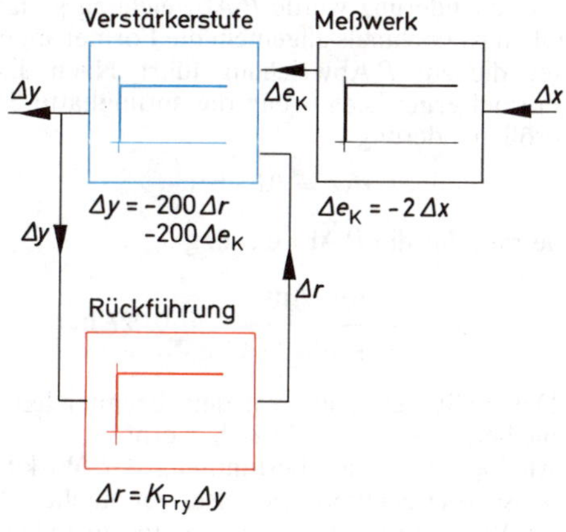

Blockschaltplan für den vorliegenden *P*-Regler des Telepneu-Systems

Wirkungsweise eines Regelkreises

$\Delta x = K_{PS0}\Delta y + K_{PS1}\Delta z$

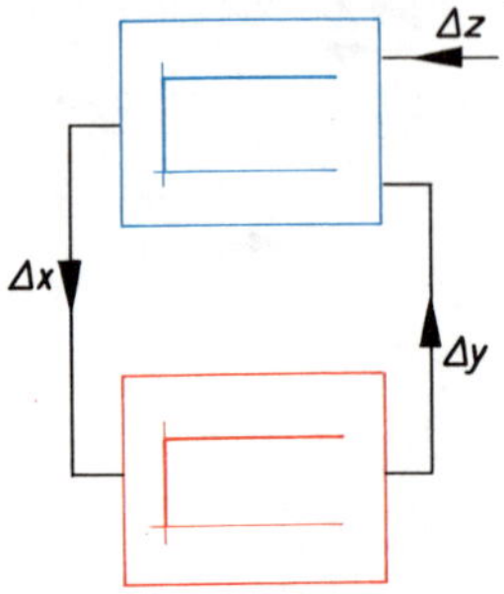

$$\Delta y = -K_{PR0}\Delta x$$

$$\Delta x = K_{PS0}\Delta y + K_{PS1}\Delta z$$
$$\Delta y = -K_{PR0}\Delta x$$

$$\Delta x = -K_{PS0}K_{PR0}\Delta x + K_{PS1}\Delta z$$
$$\Delta x(1 + K_{PS0}K_{PR0}) = K_{PS1}\Delta z$$

$$\Delta x = \frac{K_{S1}}{1 + K_{PS0}K_{PR0}}\Delta z$$

Störverhalten eines Rückführungskreises

$\Delta y = -K_{PvK}\Delta r - K_{PvK}\Delta e_K$

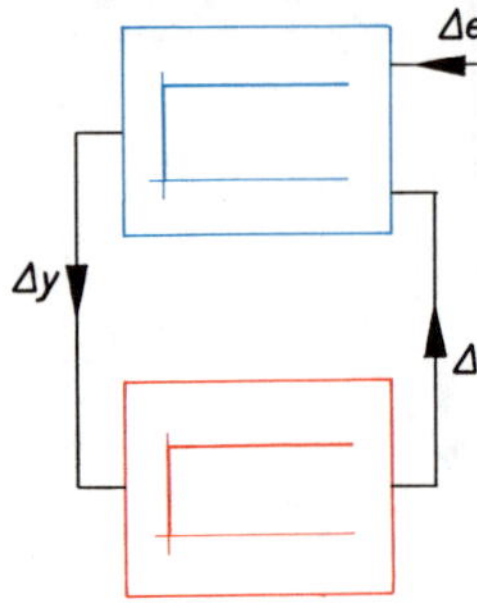

$$\Delta r = K_{Pry}\Delta y$$

$$\Delta y = -K_{PvK}\Delta r - K_{PvK}\Delta e_K$$
$$\Delta r = K_{Pry}\Delta y$$

$$\Delta y = -K_{Pvk}K_{Pry}\Delta y - K_{Pvk}\Delta e_K$$
$$\Delta y(1 + K_{PvK}K_{Pry}) = -K_{PvK}\Delta e_K$$

$$\Delta y = \frac{-K_{PvK}}{1 + K_{Pvk}K_{Pry}}\Delta e_K$$

Bei der Ermittlung des Störverhaltens wurde untersucht, welche bleibende Regelgrößenänderung Δx sich nach einer sprunghaften Störgrößenänderung Δz einstellt. Die bleibende Regelgrößenänderung wurde *P*-Abweichung genannt. Oben ist nochmals allgemein die Formel abgeleitet, die zur *P*-Abweichung führt. Nach dieser Formel ergibt sich, wenn die sprunghafte Störgrößenänderung

$$\Delta z = 0{,}05 \text{ bar}$$

beträgt, für die *P*-Abweichung

$$\Delta x = \frac{0{,}8 \cdot 0{,}05}{1 + 0{,}012 \cdot 40} = 0{,}027 \text{ bar}$$

Das heißt, der Druck vor dem Brenner hat sich bleibend von 1,6 auf 1,627 bar erhöht.
Analog ist bei der Bestimmung der Wirkungsweise des Rückführungskreises vorzugehen, denn im Rückführungskreis gilt es festzustellen, zu welcher Stellgrößenänderung Δy es nach einer sprunghaften Prallplatten-Abstandsänderung Δe_K durch das Meßwerk kommt.

Für die umgewandelte Sprungantwort beweisen die vorliegenden Zahlenwerte, daß $1/K_{PvK}$ vernachlässigbar klein ist. Es gilt nämlich z. B.

$$\Delta y = \frac{-1}{\frac{1}{200} + 0{,}6}\Delta e_K$$

entspricht etwa

$$\Delta y = \frac{-1}{0{,}6}\Delta e_K$$

Als Sprungantwort für den Rückführungskreis kann folglich vereinfacht angegeben werden

$$\Delta y = \frac{-1}{K_{Pry}}\Delta e_K$$

$$\Delta y = -K_{Pvk}\,\Delta r - K_{Pvk}\,\Delta e_K \qquad \Delta e_K = -K_{Pm}\,\Delta x$$

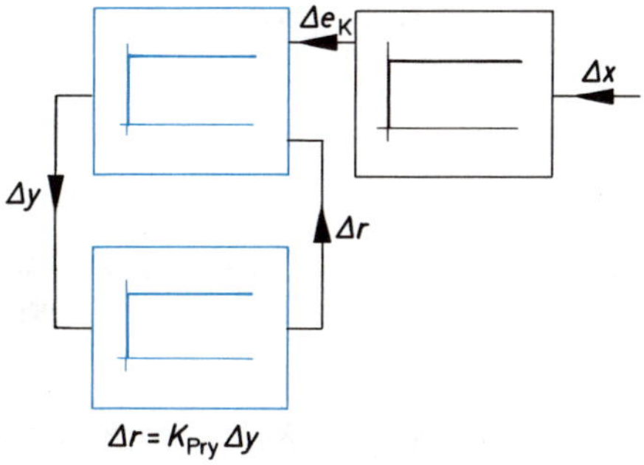

$$\Delta y = \frac{-K_{Pvk}}{1 + K_{Pvk}\,K_{Pry}}\,\Delta e_K$$

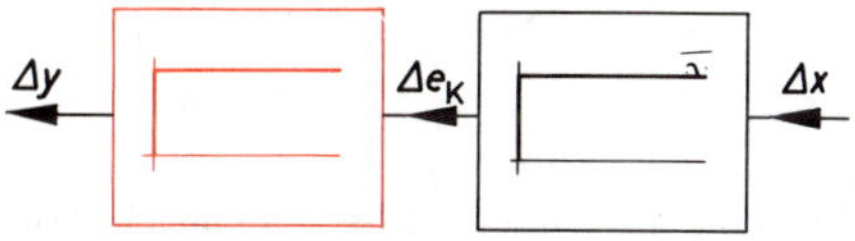

bzw. $\Delta y = \dfrac{-1}{K_{Pry}}\,\Delta e_K \qquad \Delta e_K = -K_{Pm}\,\Delta x$

Nachdem nunmehr die Wirkungsweise des Rückführungskreises durch die Ermittlung der entsprechenden Sprungantwort bestimmt wurde, kann die Synthese des Reglers mit Rückführung schnell zu Ende geführt werden. Wie dabei vorzugehen ist, zeigen die obigen Bilder. Danach ist im Blockschaltplan für den Rückführungskreis ein **Blockschaltzeichen zu setzen, das dem Zeitverhalten des Rückführungskreises entspricht.** Da alle Teile des Rückführungskreises sich verzögerungsarm verhalten, ist auch das Verhalten des gesamten Kreises verzögerungsarm. Für den Rückführungskreis ist somit das Blockschaltzeichen für einen verzögerungsarmen Teil zu setzen. Die diesem Blockschaltzeichen zugeordnete Sprungantwort wurde bestimmt.
Unverändert blieben das Blockschaltzeichen und die Sprungantwort für das Meßwerk. Soll nun die Synthese des Reglers mit Rückführung zu Ende geführt werden, so ist das Verhalten der verbliebenen **Reihenschaltung aus Rückführungskreis und Meßwerk** zu bestimmen. Die Reihenschaltung verhält sich verzögerungsarm, da sie aus verzögerungsarmen Teilen besteht. Die Sprungantwort der Reihenschaltung ist eine Sprungantwort zwischen den Stellgrößenänderungen Δy und den Regelgrößenänderungen Δx. Dazu ist in der Sprungantwort für den Rückführungskreis einzusetzen, was in der Sprungantwort für das Meßwerk über die Prallplatten-Abstandsänderungen Δe_K ausgesagt wird. Als Sprungantwort für den gesamten Regler ergibt sich somit, mit K_{PR0} als Proportionalitätsfaktor für den *P*-Regler

$$\Delta y = \frac{+K_{PvK}\,K_{Pm}}{1 + K_{Pvk}\,K_{Pry}}\,\Delta x$$

bzw.

$$\Delta y = \frac{+K_{Pm}}{K_{Pry}}\,\Delta x = +K_{PR0}\,\Delta x$$

Bei den bisherigen Annahmen ergibt sich:

A_1	0,05	0,1	0,15	0,2 mm²
K_{Pm}	0,33	0,66	0,83	0,9
K_{Pry}	4	2	1	0,6 mm/bar
K_{PR0}	0,5	1	2	3

Die Tabelle zeigt, wie sich für den vorliegenden proportional wirkenden Regler der kennzeichnende Proportionalitätsfaktor K_{PR0} mit dem Querschnitt A_1 ändert. Mit dieser Tabelle könnte somit der entsprechende Einstellbereich, z.B. der Bewegungsbereich eines Drehknopfes, ausgeteilt werden, in dem der Querschnitt A_1 der Eingangsdrossel bei der Druckteilung vor dem Mitkopplungsbalg verstellt werden kann. Der Drehknopf wäre dabei mit K_{PR0} zu beschriften. Der Einstellung $K_{PR0} = 2$ würde z.B. ein Querschnitt $A_1 = 0{,}15$ mm² entsprechen.

$$\Delta y = \frac{-K_{\mathrm{Pvk}}}{1 + K_{\mathrm{Pvk}} K_{\mathrm{Pry}}} \Delta e_{\mathrm{K}}$$

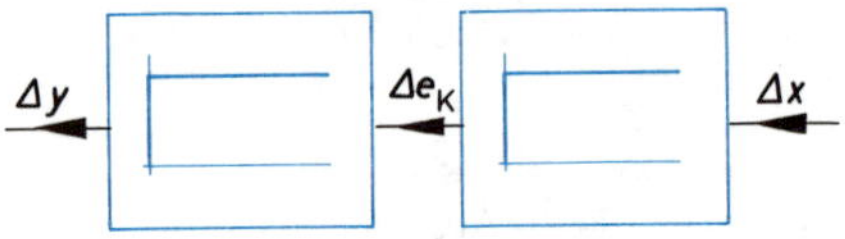

bzw. $\Delta y = \frac{-1}{K_{\mathrm{Pry}}} \Delta e_{\mathrm{K}}$ $\quad \Delta e_{\mathrm{K}} = -K_{\mathrm{Pm}} \Delta x$

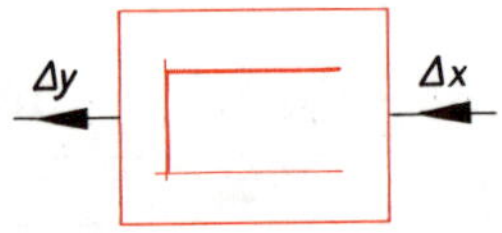

$$\Delta y = \frac{K_{\mathrm{Pvk}} K_{\mathrm{Pm}}}{1 + K_{\mathrm{Pvk}} K_{\mathrm{Pry}}} \Delta x \text{ bzw. } \Delta y = \frac{K_{\mathrm{Pm}}}{K_{\mathrm{Pry}}} \Delta x$$

Die Praxis sieht jedoch etwas anders aus. Es wird nicht der zu erreichende Proportionalitätsfaktor K_{PR0} angezeigt. Der Einstellbereich wird vielmehr in Prozentwerten von 10% bis 500% unterteilt, die sich auf den „bezogenen Proportionalbereich" beziehen. Darum ist die Bedeutung des bezogenen Proportionalbereichs, kurz bezogener *P*-Bereich, anzugeben.
Dazu ist zuerst festzustellen, was der *P*-Bereich, also der nichtbezogene *P*-Bereich, ist.

Unter *P*-Bereich wird der Bereich verstanden, um den sich die Regelgröße x ändern muß, wenn bei einem *P*-Regler die Stellgröße y um den Stellbereich Y_{h} zu verstellen ist. Der Stellbereich Y_{h} ergibt sich durch den Aufbau des Reglers. Beim gewählten pneumatischen *P*-Regler gilt für den Stellbereich

$$Y_{\mathrm{h}} = 0{,}8 \text{ bar}$$

Die Stellgröße y kann nämlich bei diesem Regler im Bereich von 1,2 bis 2 bar verstellt werden. Beträgt somit z.B. der Proportionalitätsfaktor

$$K_{\mathrm{PR0}} = 2$$

was, wie angegeben, nach der obigen Tabelle einem Querschnitt $A_1 = 0{,}15 \text{ mm}^2$ entspricht, und lautet dann die Sprungantwort des *P*-Reglers

$$\Delta y = 2\,\Delta x \quad (\Delta x \text{ und } \Delta y \text{ in bar})$$

so muß eine Regelgrößenänderung $\Delta x = 0{,}4$ bar vorgenommen werden, damit die Stellgrößenänderung Δy dem Stellbereich $Y_{\mathrm{h}} = 0{,}8$ bar entspricht. Mit der Sprungantwort ergibt sich nämlich

$$Y_{\mathrm{h}} = 0{,}8 \text{ bar} = 2 \cdot 0{,}4 \text{ bar}$$

Für den *P*-Bereich, mit X_{P} bezeichnet, gilt folglich

$$X_{\mathrm{P}} = 0{,}4 \text{ bar}$$

Wie bereits angegeben, wird meist der bezogene *P*-Bereich Δx_{P} ermittelt. Irreführend ist jedoch, daß trotzdem oft nur vom *P*-Bereich gesprochen wird, obwohl eben der bezogene *P*-Bereich gemeint ist.
Bezugsgröße für den bezogenen *P*-Bereich ist der Meßbereich X_{m} des Reglers. Es wird auch vom Regelbereich X_{h} des Reglers bzw. vom Signalbereich der Regelgröße gesprochen. Der Meßbereich X_{m} ergibt sich durch den Aufbau des Reglers. Für den gewählten *P*-Regler gilt

$$X_{\mathrm{m}} = 0{,}8 \text{ bar}$$

Der Istwert der Regelgröße kann sich nämlich bei diesem Regler im Bereich von 1,2 bis 2 bar ändern.
Soll der bezogene *P*-Bereich in Prozenten vom Meßbereich X_{m} angegeben werden, so gilt somit für den bezogenen *P*-Bereich

$$x_{\mathrm{p}} = \frac{X_{\mathrm{P}}}{X_{\mathrm{m}}} 100\%$$

Für das gewählte Beispiel, bei dem ein P-Bereich $X_{\mathrm{P}} = 0{,}4$ bar bestimmt wurde und ein Meßbereich $X_{\mathrm{m}} = 0{,}8$ bar vorlag, ergibt sich somit als bezogener *P*-Bereich

$$x_{\mathrm{P}} = \frac{0{,}4}{0{,}8} 100\% = 50\%$$

Somit gilt:

A_1	0,05	0,1	0,15	0,2 mm²
K_{PR0}	0,5	1	2	3
x_{P}	200	100	50	33%

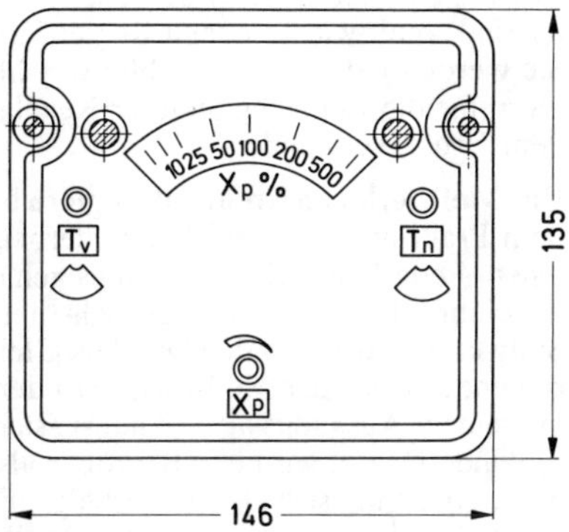

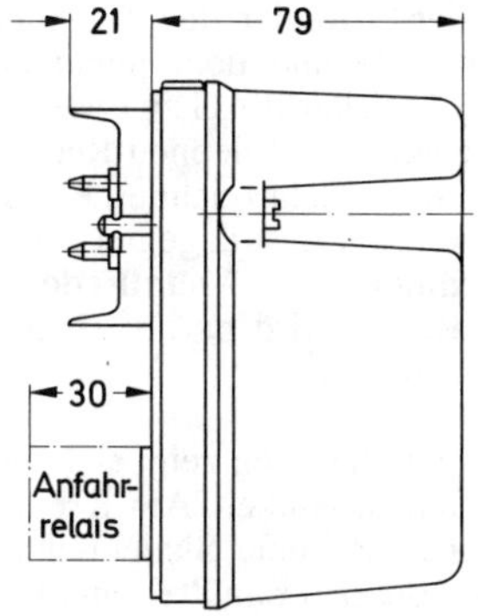

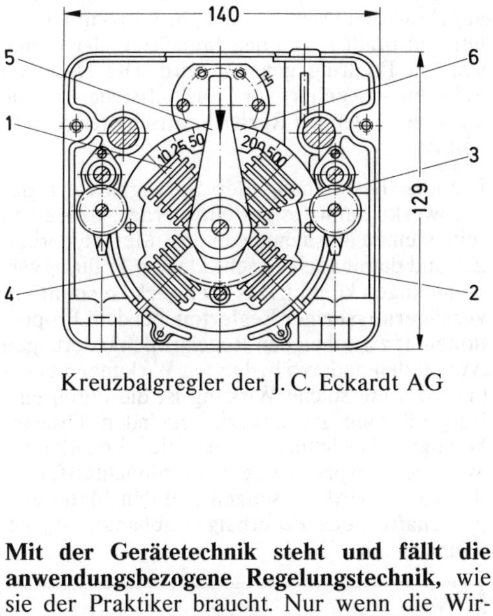

Kreuzbalgregler der J. C. Eckardt AG

1 Balg für Regelgröße *x*
2 Balg für Führungsgröße *w*
3 Mitkopplungsbalg
4 Gegenkopplungsbalg
5 Düsenhebel; durch Schwenken dieses Hebels wird der *P*-Bereich eingestellt
6 Prallring

Mit der Gerätetechnik steht und fällt die anwendungsbezogene Regelungstechnik, wie sie der Praktiker braucht. Nur wenn die Wirkungsweise von Reglern zu überblicken ist, sind diese Geräte sinnvoll auszuwählen und sachgerecht anzuwenden. Schneller als andere Geräte wechseln jedoch Regler ihr „Gesicht". Wo für eine Zeit z.B. pneumatische Regler angewendet wurden, sind heute elektronische Regler zu finden. In wenigen Jahren werden vielleicht diese Geräte durch ganz andersartige Regler verdrängt. Auch Regler einer Sorte, z.B. elektronische Regler, ändern sich nicht selten in wenigen Jahren. Niemand kann darum heute sagen, wie Regler im Jahr 2000 aussehen werden. Trotzdem kann viel gesagt werden. **Regler sind auch im Jahr 2000 Geräte mit vergleichenden Meßwerken, Verstärkerstufen und Rückführungen.**

Für einen Regler unserer Tage wurde dieser grundsätzliche Aufbau nachgewiesen. Bleibt zu zeigen, daß das so gewonnene Grundwissen auch auf Regler anzuwenden ist, die heute noch nicht „geboren" sind. Das kann geschehen, indem dieses Grundwissen auf einen bisher nicht beschriebenen Regler, der also unbekannt sein dürfte, angewendet wird. So kann eine Situation simuliert werden, wie sie auch im Jahr 2000 möglich ist.

Auf den ersten Blick sind erwartungsgemäß keine Gemeinsamkeiten zwischen dem vorgeführten pneumatischen *P*-Regler des Telepneu-Systems der Siemens AG und dem pneumatischen *P*-Regler der J. C. Eckardt AG zu erkennen, wie ihn die Skizze zeigt. Der Telepneu-Regler ist durch eine Balgwaage gekennzeichnet. Für den Regler der J. C. Eckardt AG ist dagegen eine **kreuzförmige Anordnung von Metallfederbälgen** typisch. Der Regler wird darum sinnvoll **Kreuzbalgregler** genannt.

Bei genauerem Hinsehen zeigt sich jedoch dann doch eine Gemeinsamkeit. Am Kreuzbalgregler findet sich nämlich eine Skalenteilung für den bezogenen *P*-Bereich x_P in Prozenten. Ein Blick in die entsprechende Firmendruckschrift ergibt dann ergänzend, daß für den Kreuzbalgregler wie für den Telepneu-Regler der Meßbereich X_m bzw. der Regelbereich X_h und der Stellbereich Y_h gleich sind. Die Bereiche erstreckten sich von 1,2 bis 2 bar. Es gilt somit

$$X_m = Y_h = 0{,}8 \text{ bar}$$

Wird jedoch untersucht, wie bei den beiden Reglern der bezogene *P*-Bereich x_P einzustellen ist, so zeigen sich grundlegende Unterschiede. Beim Telepneu-Regler wurde mit der Eingangsdrossel der Druckteilung vor dem Mitkopplungsbalg der bezogene *P*-Bereich eingestellt. Am Kreuzbalgregler geschieht das mit einem **Schwenkarm, der sich am sogenannten Prallring entlangbewegt.**

Der Neuling wird somit verständlicherweise keine Gemeinsamkeiten zwischen dem Telepneu-Regler und dem Kreuzbalgregler erkennen. Es kann somit eine Situation angenommen werden, wie sie im Jahr 2000 sich ergeben wird, wenn ein neu entwickelter Regler auf dem Markt erscheint.

Am Kreuzbalgregler läßt sich somit zeigen, wie vorzugehen ist. **Wieder ist zunächst eine Analyse vorzunehmen,** bei der die Wirkungsweise leicht überschaubarer Reglerteile untersucht wird. Die Zahl der so betrachteten Reglerteile ist belanglos, denn **jede Zahl von Reglerteilen läßt sich bei der folgenden Synthese zusammenfassen.**

Bei der nun erfolgenden Analyse des Kreuzbalgreglers bietet es sich an, mit der Betrachtung des Meßwerks zu beginnen, das dazu aus dem Regler herausgetrennt, also isoliert untersucht wird. Es ist ein manometrisches Meßwerk. Kreuzbalgregler sind somit wie Telepneu-Regler Druckregler. Sie werden jedoch oft mit Hilfe von Meßumformern für die Regelung anderer Regelgrößen als dem Druck verwendet.

Das Meßwerk von Kreuzbalgreglern besteht aus dem Prallring mit zwei Metallfederbälgen. Dem einen Federbalg wird der zu regelnde Druck zugeführt. Im anderen Federbalg herrscht der Sollwert des zu regelnden Druckes. Gleicht der zu regelnde Druck dem Sollwert, so ist der Prallring in seiner Ausgangslage. Ändert sich der zu regelnde Druck, wird er z.B. größer als der Sollwert, so dehnt sich der Federbalg mit dem zu regelnden Druck aus, und der Prallring wird verschoben. Dadurch verkleinert sich der Abstand des Prallringes von der am Schwenkarm angebrachten Düse. Aus der Düse strömt Druckluft und prallt gegen den Metallring, der darum sinnvoll Prallring genannt wird. Die Düse am Schwenkarm gehört zur Druckluftsteuerung, die wie beim Telepneu-Regler Kraftschalter zu nennen ist.

Für die Bestimmung der Sprungantwort des Meßwerks kann festgestellt werden, daß es zu sehr kleinen Ausdehnungen des Metallfederbalges und damit auch zu sehr kleinen Prallringverschiebungen kommt. **Das Meßwerk ist somit ein verzögerungsarmer Reglerteil,** bei dem Proportionalität zwischen den Regelgrößenänderungen Δx und den dadurch bedingten Wirkungen gegeben ist. Eine solche Wirkung ist die durch eine Vergrößerung Δx des zu regelnden Druckes bedingte Ausdehnung $+\Delta s_x$ des Federbalges. Wird der entsprechende Proportionalitätsfaktor, der von den Abmessungen und den Materialeigenschaften des Federbalges abhängt, M_m genannt, so gilt

$$\Delta s_x = M_m \, \Delta x$$

Die Ausdehnung des Federbalges in Richtung der Federbalgachse und die dadurch bedingte Verschiebung des Prallringes in der gleichen Richtung bewirkt eine Änderung Δe_K des Prallringabstandes von der Düse des Kraftschalters am Schwenkarm, deren Größe vom Einstellwinkel α des Schwenkarms abhängt. Es gilt

$$\Delta e_K = -\Delta s_x \cos \alpha$$

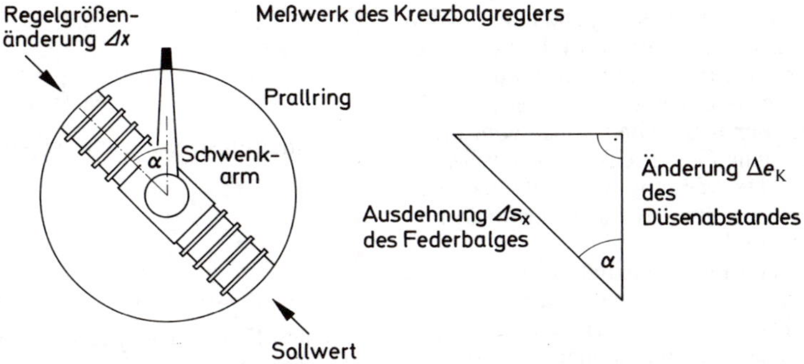

Das Minuszeichen berücksichtigt, daß eine positive Änderung $+\Delta s_x$, also eine Ausdehnung des Federbalges, eine negative Änderung $-\Delta e_K$, das heißt eine Verminderung des Abstandes der Düse vom Prallring, bedingt.
Durch eine Zusammenfassung der angegebenen Proportionen ergibt sich die Sprungantwort des Meßwerks. Für sie gilt

$$\Delta e_K = -M_m \cos \alpha \, \Delta x$$

Gegenüber dem Meßwerk des beschriebenen Telepneu-Reglers ist somit die Wirkung des Meßwerks beim Kreuzbalgregler nicht gleichbleibend. Sie ändert sich mit dem Einstellwinkel des Schwenkarmes.

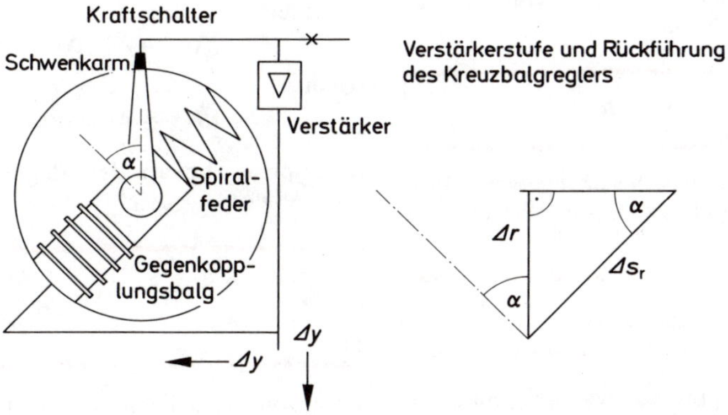

Nach den Erfahrungen bei der Betrachtung von Telepneu-Reglern kann die **Verstärkerstufe für ausreichend genaue Betrachtungen übergangen werden.** Die Analyse des Kreuzbalgreglers ist somit abzuschließen, indem die Rückführung untersucht und dabei ihre Sprungantwort bestimmt wird.
Die Rückführung des Kreuzbalgreglers ist dem Meßwerk des Reglers sehr ähnlich. Sie besteht aus zwei Metallfederbälgen am Prallring, dem Gegenkopplungsbalg und dem Mitkopplungsbalg. Im Gegensatz zum Telepneu-Regler ist für die Realisierung von *P*-Reglern nur der Gegenkopplungsbalg notwendig. Der Mitkopplungsbalg ist mit der Atmosphäre verbunden. Er ist darum durch eine Spiralfeder zu ersetzen.
Die Wirkung des Gegenkopplungsbalges läßt sich erkennen, wenn bedacht wird, daß das Meßwerk nach einer Erhöhung $+\Delta x$ des zu regelnden Druckes gegenüber dem Sollwert eine Verminderung $-\Delta e_K$ des Abstandes der Kraftschalterdüse vom Prallring bewirkt. Es kommt somit im Kraftschalter und im nachgeschalteten Verstärker zu einer Stelldruckerhöhung $+\Delta y$ als Ausgangsänderung des Reglers.
Die Rückführung leitet die Ausgangsänderung

$+\Delta y$ zum Gegenkopplungsbalg und damit in den Regler zurück. Die Stelldruckerhöhung Δy bedingt mit der entsprechenden Ausdehnung des Gegenkopplungsbalges eine Vergrößerung $+\Delta r$ des Abstandes der Kraftschalterdüse vom Prallring und damit eine Gegenreaktion zur Wirkung des Meßwerks. Die Wirkung des Meßwerks war, wie gezeigt wurde, eine Abstandsverminderung $-\Delta e_K$.
Die Rückführung des Kreuzbalgreglers ist, wie das Meßwerk, ein verzögerungsarmer Reglerteil. Die Stelldruckänderungen Δy und die Federbalgausdehnungen Δs_r sind zueinander proportional. Wird der entsprechende Proportionalitätsfaktor M_r genannt, so gilt somit

$$\Delta s_r = M_r \Delta y$$

Die Ausdehnung Δs_r des Gegenkopplungsbalges in Richtung der Federbalgachse und die dadurch bedingte Verschiebung des Prallringes in der gleichen Richtung verursacht die bereits angegebene Änderung Δr des Abstandes der Kraftschalterdüse vom Prallring, deren Größe vom Einstellwinkel α abhängt. Es gilt

$$\Delta r = \Delta s_r \sin \alpha$$

Durch Zusammenfassung der angegebenen Proportionen ergibt sich als Sprungantwort der Rückführung

$$\Delta r = M_r \sin \alpha \, \Delta y$$

Beim Kreuzbalgregler hat wie bei jedem zu betrachtenden Regler der Analyse die Synthese zu folgen, Richtschnur ist hierfür ein Blockschaltplan, der den Reglern zugrunde gelegt werden kann. Dieser Blockschaltplan läßt die Hauptteile der Regler erkennen, das Meßwerk, die Verstärkerstufe und die Rückführung. Mit den Sprungantworten der Hauptteile konnte die Sprungantwort der Regler bestimmt werden. Es gilt

$$\Delta y = \frac{K_{PvK} K_{Pm}}{1 + K_{PvK} K_{Pry}} \Delta x$$

Näherungsweise kann angenommen werden

$$\Delta y = \frac{K_{Pm}}{K_{Pry}} \Delta x$$

Für den Kreuzbalgregler ergab sich als Sprungantwort des Meßwerks:

$$\Delta e_K = -M_m \cos \alpha \, \Delta x,$$

allgemein

$$\Delta e_K = -K_{Pm} \Delta x,$$

somit

$$K_{Pm} = M_m \cos \alpha$$

Als Sprungantwort der Rückführung konnte festgestellt werden:

$$\Delta r = M_r \sin \alpha \, \Delta y,$$

allgemein

$$\Delta y = K_{Pry} \Delta x,$$

somit

$$K_{Pry} = M_r \sin \alpha.$$

Als Sprungantwort des Reglers ist folglich anzugeben:

$$\Delta y = \frac{K_{Pm}}{K_{Pry}} \Delta x \qquad \Delta y = \frac{M_m \cos \alpha}{M_r \sin \alpha} \Delta x$$

Ergänzend ist zu berücksichtigen, daß die Faktoren M_m und M_r gleich sind. Darum gilt vereinfacht

$$\Delta y = \cot \alpha \, \Delta x, \text{ allgemein } \Delta y = K_{PR0} \Delta x$$

Bei einem Einstellwinkel $\alpha = 30°$ ist z.B. $K_{PR0} = 1{,}73$. Die Sprungantwort lautet dann

$$\Delta y = 1{,}73 \, \Delta x$$

Wird berücksichtigt, daß für Kreuzbalgregler wie für Telepneu-Regler gilt: Stellbereich Y_h = Meßbereich X_m = 0,8 bar; sie reichen von 1,2 bis 2 bar, so gilt für den P-Bereich

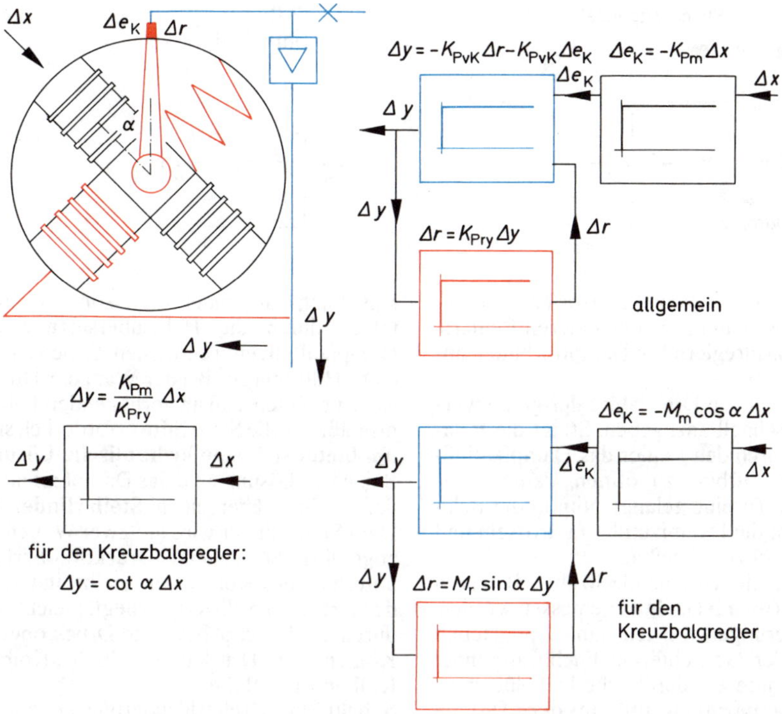

$$X_P = Y_h / K_{PR0} = 0{,}47 \text{ bar}$$

Für den bezogenen *P*-Bereich kann festgestellt werden:

$$x_P = \frac{X_P}{X_m}\, 100\% = 58\%$$

Zusammenfassend ist für Kreuzbalgregler festzustellen:

α	30°	45°	60°	
K_{PR0}	1,73	1	0,58	
X_P	0,47	0,8	1,37	bar
x_p	58%	100%	173%	

Der Blockschaltplan und die angegebene Form der Sprungantwort gelten für alle, insbesondere zukünftige verzögerungsarme *P*-Regler. Es brauchen jeweils nur der Proportionalitätsfaktor K_{Pm} des Meßwerks und der Proportionalitätsfaktor K_{Pry} der Rückführung bestimmt werden. Für weitere verzögerungsarme *P*-Regler ist somit einfach die folgende Tabelle zu ergänzen.

	Telepneu-Regler	Kreuzbalg-regler
K_{Pm}	$2\,\frac{\text{mm}}{\text{bar}}$	$M_m \cos\alpha$
K_{Pry}	$6 - 6\,K_{PM}$	$M_r \sin\alpha$
	$K_{PM} = \frac{1}{(A_2/A_1)^2 + 1}$	$M_m = M_r$
$K_{PR0} = \frac{K_{Pm}}{K_{Pry}}$	$\frac{2}{6 - 6\,K_{PM}}$	$\cot\alpha$

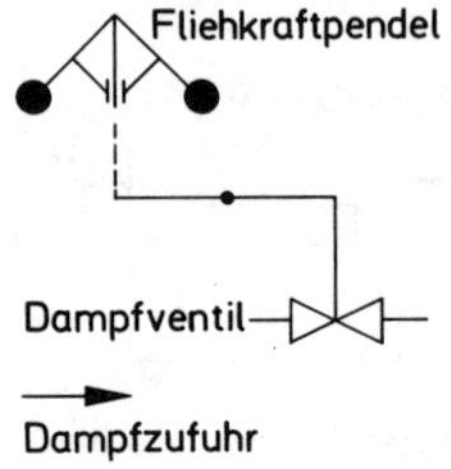

P-Regler
ohne Hilfsenergie

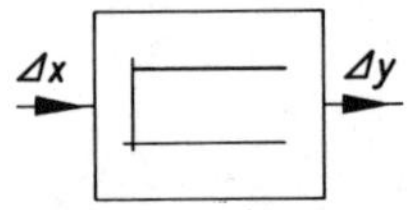

Die allgemeingültige und zukunftsorientierte Betrachtungsweise kann auch bei anderen Reglern, z.B. bei Drehzahlreglern für Dampfturbinen, angewandt werden.
Was dabei durch den Drehzahlregler getan werden muß, ist schnell anzugeben. Steigt die Belastung, so ist durch den Regler das Dampfzuflußventil an der Turbine zu öffnen, damit mehr Dampf zu der Turbine gelangt. Nimmt die Belastung ab, so ist die Dampfzufuhr zu drosseln und somit das Ventil zu schließen.
Dabei könnte die Turbinendrehzahl z.B. durch eine **Fliehkraftpendel** laufend gemessen werden. Drehzahländerungen werden dann zum Heben und Senken der Gewichte am Fliehkraftpendel führen. So könnte z.B. durch eine Hebelübersetzung das Dampfzuflußventil an der Turbine entsprechend verstellt werden. Nimmt die Drehzahl zu und heben sich die Gewichte am Fliehkraftpendel, so wird durch die Hebelübersetzung das Ventil geschlossen. Bei abnehmender Drehzahl sinken die Gewichte, und es kommt zum Öffnen des Ventils.
Die vom Fliehkraftpendel ausgehenden Verstellkräfte sind jedoch im allgemeinen klein.

Das Fliehkraftpendel kann somit nicht unmittelbar durch die Hebelübersetzung auf das Dampfzuflußventil einwirken. Es bedarf vielmehr einer Hilfsenergie. Bei der Wahl der Hilfsenergie ist zu beachten, daß im vorliegenden Fall verhältnismäßig große Stellkräfte erforderlich sind. **Darum bietet sich eine hydraulische Lösung an.**
Bei dieser Lösung wird das Dampfzuflußventil an der Turbine über einen **Stellzylinder** betätigt. Dem Stellzylinder wird auf zwei Wegen Drucköl zugeführt. So gelangt Drucköl oberhalb und unterhalb des Kolbens im Stellzylinder. Solange der Drehzahl-Sollwert vorliegt, gleicht dabei der durch das Drucköl bewirkte Druck oberhalb des Kolbens dem Druck unterhalb des Kolbens. Der Kolben ist in Ruhe.
Sobald eine Drehzahländerung gegenüber dem Sollwert erfolgt, wird das Gleichgewicht gestört, indem das Fliehkraftpendel den Druckölverteiler verstellt. Je größer die Regelgrößenänderung ist, um so stärker ist die Druckdifferenz am Kolben, um so schneller bewegt sich der Kolben im Stellzylinder, und um so rascher wird das Dampfventil verstellt.

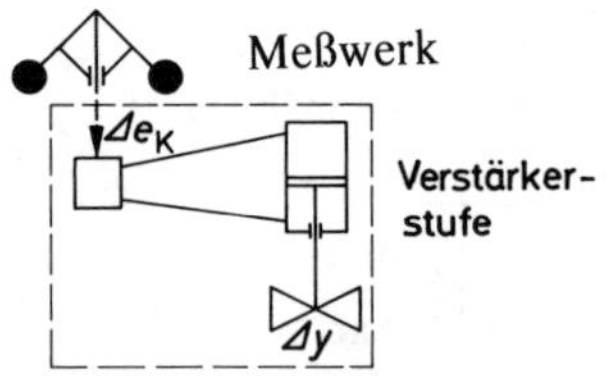

I-Regler
mit Hilfsenergie

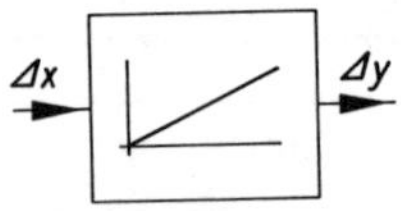

Der Regler ohne Hilfsenergie ist *P*-Regler. Der Regler mit Hilfsenergie ist dagegen *I*-Regler. Bewußt wurden für die Beschreibungen von Drehzahlregelungen an Dampfturbinen nicht bestimmte Reglerfabrikate gewählt. Nach einer solchen Wahl müßte nämlich bei den folgenden Betrachtungen von den für diese Reglerfabrikate eigentümlichen technischen Daten ausgegangen werden. Solche Daten sind jedoch oft unbekannt. Darum muß gezeigt werden, wie es ohne diese Daten geht. **Dazu ist nachzuweisen, daß bei der Betrachtung der Wirkungsweise praktischer**

Regler frei wählbare Daten angenommen werden können. Es geht ja eben nur um eine anschauliche Betrachtung der Wirkungsweise, nicht um mehr.

Bei einem solchen Vorgehen brauchen auch nicht letzte technische Details bei den Reglern bekannt zu sein. Es genügt, den prinzipiellen Aufbau der Regler zu kennen. Gegebenenfalls können so gleich mehrere Fabrikate einheitlich betrachtet werden. Von Fall zu Fall kann so schneller als sonst der wieder anzustrebende grundlegende Blockschaltplan gefunden werden.

So braucht z.B. bei dem angenommenen *I*-Regler nicht näher beschrieben zu werden, welche Konstruktion für den Druckölverteiler vorliegt. **Im Druckölverteiler könnte z.B. ein Drucköl-Strahlrohr vorliegen,** das durch das Meßwerk nach der einen oder der anderen Richtung ausgelenkt wird. Für den Druckölverteiler sind **auch andere Konstruktionen denkbar.**

Es genügt festzustellen, daß bei der Hilfeenergiesteuerung, die wieder Verstärkerstufe des Reglers genannt werden soll, durch das Meßwerk eine bestimmte Verstellung des Druckölverteilers vorgenommen wird. Diese Verstellung bewirkt eine Änderung der beschriebenen Druckverteilung am Kolben im Stellzylinder. Folge davon ist eine Geschwindigkeitsänderung bei dem sich bewegenden Kolben bzw. bei der Änderung des Ventilquerschnitts.

Je stärker eine sprunghafte Verstellung am Druckölverteiler, die mit Δe_K bezeichnet werde, ist, um so größer ist die Geschwindigkeitsänderung, die $\Delta y'$ genannt werde. Ist K_{IV} der entsprechende Proportionalitätsfaktor, so gilt für die Sprungantwort der Verstärkerstufe

$$\Delta y' = -K_{IV}\,\Delta e_K$$

Minus, da einer Drehzahlerhöhung und somit $+\Delta e_K$ einer Verkleinerung des Ventilquerschnitts und damit $-\Delta y'$ entsprechen muß. Es werde Δe_K in mm und $\Delta y'$ in mm²/s gemessen. Sprungantwort der Verstärkerstufe sei dann

$$\Delta y' = -2\,\Delta e_K$$

Ist somit z.B. $\Delta e_K = +1$ mm, so ergibt sich $\Delta y' = -2$ mm²/s.

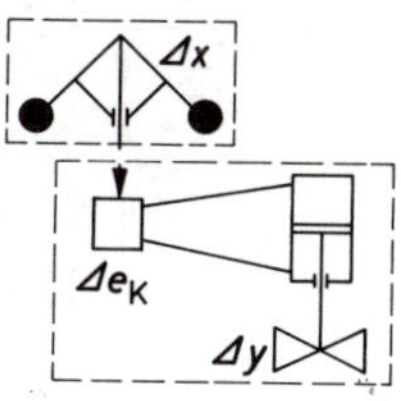

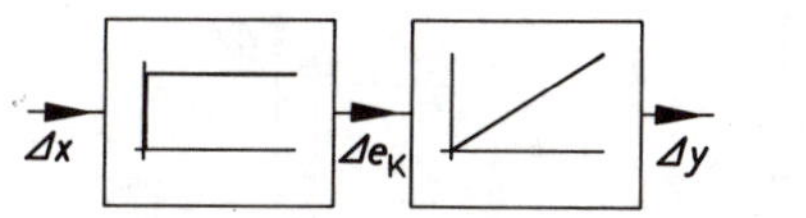

$\Delta e_K = K_{Pm}\,\Delta x \qquad \Delta y' = -K_{IV}\,\Delta e_K$

$\Delta e_K = 0{,}03\,\Delta x \qquad \Delta y' = -2\,\Delta e_K$

Nach der Beschreibung der Verstärkerstufe ist **nunmehr das Meßwerk des Drehzahlreglers zu untersuchen.** Durch das Meßwerk kommt es nach Regelgrößenänderungen Δx verzögerungsarm zu Verstellungen Δe_K am Druckölverteiler. Für die Änderungen kann Proportionalität angenommen werden. Wird der entsprechende Proportionalitätsfaktor K_{Pm} genannt, so ergibt sich als Sprungantwort des Meßwerks

$$\Delta e_K = K_{Pm}\,\Delta x$$

Wird Δe_K in mm und Δx in min⁻¹ gemessen und werde als Sprungantwort

$$\Delta e_K = 0{,}03\,\Delta x$$

gewählt, so heißt das, nach einer Drehzahlerhöhung um $\Delta x = +100$ min^{-1} kommt es am Druckölverteiler zu einer Verstellung um $\Delta e_K = +3$ mm.

Zusammenfassend kann nun die Sprungantwort des *I*-Reglers bestimmt werden, wenn, wie folgt, dieser Sprungantwort des Meßwerks die Sprungantwort der Verstärkerstufe gegenübergestellt wird:

Meßwerk	$\Delta e_K = K_{Pm}\,\Delta x$	
Verstärkerstufe	$\Delta y' = -K_{IV}\,\Delta e_K$	
I-Regler	$\Delta y' = -K_{Pm}\,K_{IV}\,\Delta x$	

z.B. $\Delta e_K = 0{,}03\ \Delta x$

$\Delta y' = -2\ \Delta e_K$

$\Delta y' = -0{,}06\ \Delta x$

Es wurde wiederholt angegeben, daß *I*-Regler genau regeln. Nach einer Störgrößenänderung kommt es nur zu einer vorübergehenden Regelgrößenänderung gegenüber dem gewünschten Sollwert. **Nach der Ausregelzeit ist der Sollwert praktisch wieder erreicht.**

Voraussetzung für dieses genaue Regeln ist ein passendes Zeitverhalten der Regelstrecke. Es wurde z.B. gezeigt, daß **der *I*-Regler versagt, wenn er an einer *I*-Strecke verwendet wird.** Dann mußte zum *P*-Regler zurückgekehrt werden. Die bei Verwendung eines *P*-Reglers sich ergebenden *P*-Abweichungen müssen und können hingenommen werden. Sie sind gegenüber der Unstabilität der Regelung das kleinere Übel.

Diese Rückkehr kann bei dem beschriebenen hydraulischen Regler durch eine passende Rückführung erreicht werden. **Mit der Rückführung kann der *I*-Regler zum *P*-Regler gewandelt werden.**

Der sich durch die Rückführung bildende Rückführungskreis besteht wie bei den beschriebenen pneumatischen Reglern aus der Rückführung und der Verstärkerstufe. **Wieder kann der Rückführungskreis als Regelkreis betrachtet werden,** in dem die Verstärkerstufe die Regelstrecke ist. Als Regler verhält sich die Rückführung.

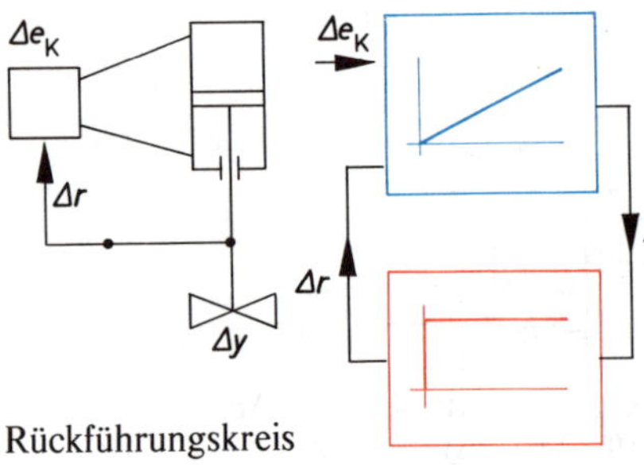

Rückführungskreis

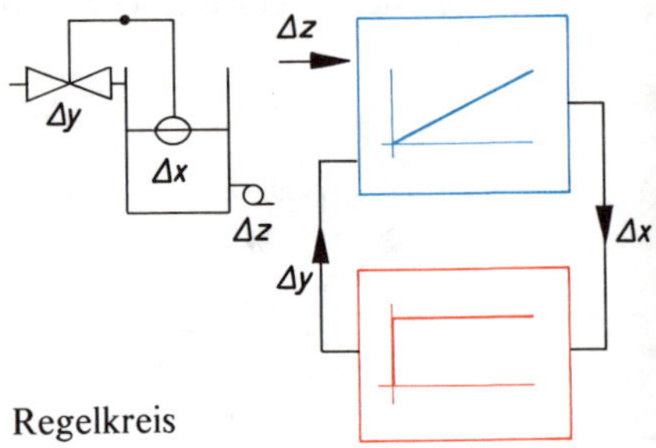

Regelkreis

Verstärkerstufe

$$\Delta y' = -K_{IV}\,\Delta r - K_{IV}\,\Delta e_K$$

Rückführung

$$\Delta r = +K_{Pry}\,\Delta y$$

$$\Delta y = \frac{-K_{IV}\,\Delta e_K}{+K_{IV}\,K_{Pry}}\,(1 - e^{-t/n})$$

$$e = 2{,}7182$$

$$n = \frac{1}{+K_{IV}\,K_{Pry}}$$

Regelstrecke

$$\Delta x' = \pm K_{IS0}\,\Delta y \pm K_{IS1}\,\Delta z$$

Regler

$$\Delta y = \mp K_{PR0}\,\Delta x$$

$$\Delta x = \frac{\pm K_{IS1}\,\Delta z}{+K_{IS0}\,K_{PR0}}\,(1 - e^{-t/n})$$

$$n = \frac{1}{+K_{IS0}\,K_{PR0}}$$

Verhalten der Wirkungskreise

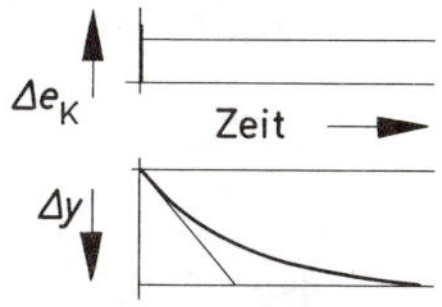

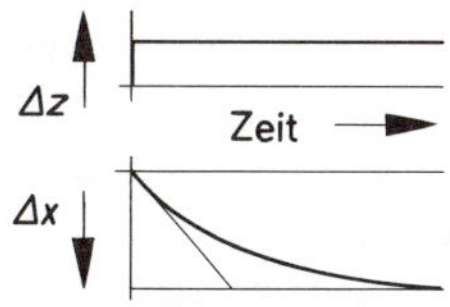

Durch die Rückführung werden wie bei den beschriebenen pneumatischen Reglern die vom Regler ausgehenden Wirkungen in den Regler zurückgeführt. Im vorliegenden Fall werden rückwirkend durch die Kolbenstange entsprechende Verstellungen am Druckölverteiler erreicht. Bei dieser Rückführung handelt es sich wie bei den beschriebenen Rückführungen an pneumatischen Reglern um eine Gegenkopplung, das heißt, die Rückführung wirkt dem Meßwerk entgegen.

Erneut ist es nicht notwendig, Details anzugeben. Es genügt für die Rückführung vereinfacht anzunehmen, daß bei ihr durch eine Hebelübersetzung zwischen der Kolbenstange und dem Druckölverteiler die Gegenkopplung erzielt wird. Eine Ventilverstellung Δy, die durch die Kolbenstange verursacht wird, führt so zu Verstellungen am Druckölverteiler, die mit Δr bezeichnet werden sollen.

Auch jetzt kann wie bei der Betrachtung der Rückführungskreise pneumatischer Regler gefragt werden, **ob der vorliegende Rückführungskreis einem schon bekannten Regelkreis entspricht.** Und wieder kann die Frage bejaht werden. Dem Rückführungskreis des hydraulischen Reglers ist der Wirkungskreis bei der Wasserstandsregelung gegenüberzustellen.

Es wurde gezeigt, wie das Störverhalten der Wasserstandsregelung zu bestimmen ist. Analog kann jetzt die Wirkungsweise des vorliegenden Rückführungskreises ermittelt werden. **Regler ist jetzt, wenn man es so sagen will, die Rückführung.** An die Stelle der Sprungantwort für die Regelstrecke der Wasserstandsregelung tritt jetzt die Sprungantwort der Verstärkerstufe des hydraulischen Reglers, die allerdings ergänzt werden muß. Bisher galt als Sprungantwort der Verstärkerstufe

Beispiel für die Wirkungsweise des Rückführungskreises

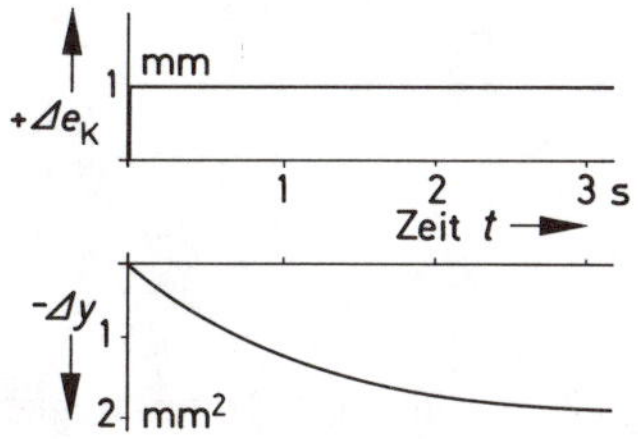

$$\Delta y' = -K_{IV}\,\Delta e_K \quad \text{z.B.} \quad \Delta y' = -2\,\Delta e_K$$

$\Delta y'$ war dabei die Geschwindigkeitsänderung bei der Änderung des Ventilquerschnitts, gemessen in mm^2/s. Die Verstellung am Druckölverteiler, die durch das Meßwerk erfolgte, wurde Δe_K genannt und in mm gemessen.

Nun kommt die **Verstellung am Druckölverteiler durch die Rückführung** hinzu, die Δr genannt wurde. Sie ist in mm zu messen, da sie der Verstellung Δe_K von seiten des Meßwerks entspricht. Würde die Verstellung Δr allein am Druckölverteiler wirken, so würde es nämlich nach einer sprunghaften Verstellung Δr wie nach einer analogen Einwirkung des Meßwerks zu einer Geschwindigkeitsänderung $\Delta y'$ kommen.

Als Sprungantwort für die Einwirkung der Rückführung auf die Verstärkerstufe gilt somit, wenn wieder der entsprechende Proportionalitätsfaktor K_{IV} genannt wird

$$\Delta y' = -K_{IV}\,\Delta r \quad \text{z.B.} \quad \Delta y' = -2\,\Delta r$$

Für die Verstärkerstufe gilt somit

$$\Delta y' = -K_{IV}\,\Delta r - K_{IV}\,\Delta e_K$$

Für das gewählte Beispiel

$$\Delta y' = -2\,\Delta r - 2\,\Delta e_K$$

Für den Rückführungskreis des zu untersuchenden Reglers ergab sich

$$\Delta y = \frac{-K_{IV}\,\Delta e_K}{+K_{IV}\,K_{Pry}}\,(1 - e^{-t/n})$$

$$n = \frac{1}{+K_{IV}\,K_{Pry}}$$

Bei der Wahl folgender Annahmen

$$\Delta r = 0{,}5\,\Delta y$$

Δr in mm

Δy in mm²

Somit $n = 1$ s

ergibt sich für

$$e_K = 1\text{ mm}$$

t	0	1	2	3 s
Δy	0	−1,26	−1,73	−1,9 mm²

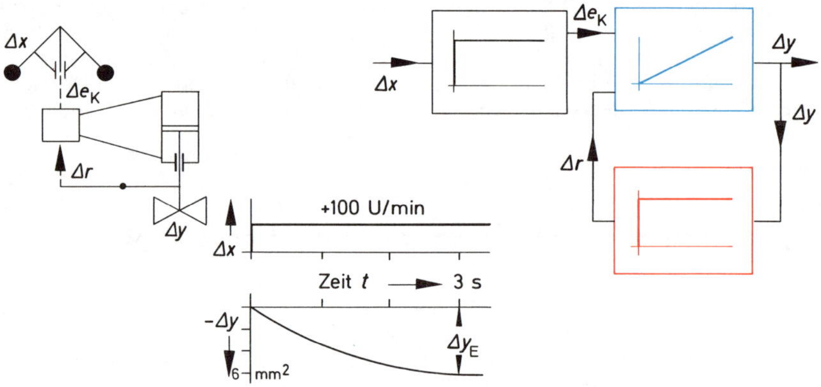

Soll nun das Verhalten des gesamten Reglers bestimmt und nachgewiesen werden, daß es sich um einen P-Regler handelt, so muß ergänzend berücksichtigt werden, zu welchen Verstellungen Δe_K am Druckölverteiler es durch das Meßwerk in Abhängigkeit von Regelgrößenänderungen Δx kommt. Das heißt, es muß die Sprungantwort des Meßwerks herangezogen werden. Es galt

$$\Delta e_K = K_{Pm}\,\Delta x \quad \text{z.B.} \quad \Delta e_K = 0{,}03\,\Delta x$$

So kann für den Regler festgestellt werden

$$\Delta y = \frac{-K_{IV}\,K_{Pm}\,\Delta x}{+K_{IV}\,K_{Pry}}\,(1 - e^{-t/n})$$

$$n = \frac{1}{+K_{IV}\,K_{Pry}}$$

Bei Fortführung des obigen Zahlenbeispiels gilt, wenn eine Drehzahlerhöhung $\Delta x = +100\ \text{min}^{-1}$ angenommen wird,

$$\Delta y = \frac{-2 \cdot 0{,}03 \cdot 100}{+2 \cdot 0{,}5}(1 - e^{-t})$$

$n = 1$ s

Ist der so beschriebene Regler ein *P*-Regler? Es könnte gezweifelt werden. Bei den bisher betrachteten *P*-Reglern ergaben sich nämlich nach sprunghaften Regelgrößenänderungen Δx verzögerungsarm sprunghafte Stellgrößenänderungen Δy. Es konnte von verzögerungsarmen *P*-Reglern gesprochen werden. Beim vorliegenden hydraulischen *P*-Regler ist das nicht der Fall. Nach einer sprunghaften Regelgrößenänderung Δx stellt sich die proportionale Stellgrößenänderung erst nach einer gewissen Zeit ein. Sie kann Δy_E genannt werden. Es ist von einem verzögert wirkenden *P*-Regler zu sprechen. Für die Stellgrößenänderung Δy_E gilt

$$\Delta y_E = \frac{-K_{IV} K_{Pm} \Delta x}{+K_{IV} K_{Pry}}$$

Beim gewählten Beispiel

$$\Delta y_E = \frac{-2 \cdot 0{,}03 \cdot 100}{+2 \cdot 0{,}5} = -6 \text{ mm}^2$$

Die Stellgrößenänderung Δy_E stellt sich praktisch etwa nach der dreifachen Zeitkonstanten *n* ein. Es ergibt sich
für $\Delta x = +100$ min^{-1}

t	0	1	2	3 s
Δy	0	3,78	5,19	5,7 mm^2

3.1.2. *PI*-Regler

P-Regler und *I*-Regler erschienen bisher als „feindliche Brüder". So gegensätzliche Eigenschaften ergaben sich für die beiden Regler.
Bei *P*-Reglern kommt es nach Regelgrößenänderungen Δx gegenüber dem Sollwert zu proportionalen Stellgrößenänderungen Δy. Mit K_{PR0} als entsprechenden Proportionalitätsfaktor gilt somit als Sprungantwort für *P*-Regler

$$\Delta y = K_{PR0} \Delta x$$

Durch eine Hebelübersetzung kann ein solches Verhalten praktisch realisiert werden. Der Proportionalitätsfaktor K_{PR0} ergibt sich dabei durch ein entsprechendes Größenverhältnis der Hebelarme.
Bei *I*-Reglern kommt es nach Regelgrößen-Änderungen Δx zu Änderungen $\Delta y'$ der Stellgeschwindigkeit. Mit K_{IR0} als Größenverhältnis zwischen $\Delta y'$ und Δx gilt als Sprungantwort von *I*-Reglern

$$\Delta y' = K_{IR0} \Delta x$$

Ein *I*-Regler kann praktisch mit einem Gleichstrom-Stellmotor realisiert werden. Drehzahl und Drehrichtung richten sich bei diesem Stellmotor nach der Größe und Richtung der angelegten Gleichspannung. Die Spannung hat ein Spannungsgeber zu liefern, über den die Regelgröße laufend zu erfassen ist.
So unterschiedlich wie die Eigenschaften der *P*- und *I*-Regler sind, so verschieden sind auch die Auswirkungen dieser Eigenschaften. *I*-Regler regeln genau. *P*-Regler bedingen eine *P*-Abweichung. Und doch läßt sich durch die folgenden Überlegungen zeigen, daß ***P*-Regler zu *I*-Reglern gewandelt werden können.**
Bei den bisherigen Betrachtungen über *P*-Regler war der Proportionalitätsfaktor K_{PR0} frei wählbar, aber nach der Wahl konstant. So ergaben sich unter diesen Voraussetzungen nach sprunghaften Regelgrößenänderungen Δx proportionale sprunghafte Stellgrößenänderungen Δy. Je größer die Regelgrößenänderungen Δx, um so größer die Stellgrößenänderungen Δy. Es ist jedoch auch ein anderes Vorgehen denkbar. Es ist hierbei von einer konstanten Regelgrößenänderung Δx auszugehen. **Jetzt soll sich der Proportionalitätsfaktor K_{PR0} ändern, und es ist festzustellen, welche Stellgrößenänderungen Δy sich unter diesen Bedingungen ergeben.**
Gilt für den Proportionalitätsfaktor $K_{PR0} = 0$, so wird sich nach einer Regelgrößenänderung Δx keine Stellgrößenänderung Δy ergeben. Wird anschließend K_{PR0} laufend größer gemacht, so wächst im gleichen Rhythmus die Stellgrößenänderung Δy.
Die Zusammenfassung zeigt, daß so ein Verhalten erreicht wird, wie es bei *I*-Reglern vorliegt. Einer Regelgrößenänderung entspricht eine bestimmte Änderungsgeschwindigkeit für die Stellgröße.
Ein *P*-Regler ist somit zum *I*-Regler zu wandeln, wenn der Proportionalbeiwert K_{PR0} in der Sprungantwort

$$\Delta y = K_{PR0} \Delta x$$

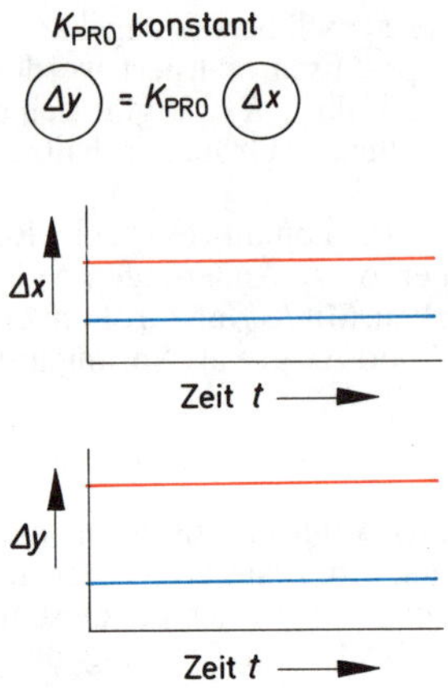

des ***P*****-Reglers sich mit der Zeit ändert** und somit nach einer Regelgrößenänderung Δx die Stellgrößenänderung Δy laufend zunimmt.
Bleibt zu fragen, wie dies praktisch zu realisieren ist. Dazu sei in Erinnerung gebracht, daß bei den beschriebenen *P*-Reglern der Proportionalitätsfaktor K_{PR0} mit der Rückführung variiert wurde.
Am pneumatischen *P*-Regler in Form eines Kreuzbalgreglers der J.C. Eckardt AG werde dies zur Erinnerung gezeigt. Die Rückführung besteht bei diesem Regler aus einem Gegenkopplungsbalg, dem eine Spiralfeder entgegenwirkt. Die von der Rückführung nach einer Regelgrößenänderung Δx ausgehende Kraft war einstellbar, indem der Schwenkarm mit der Düse des Kraftschalters geschwenkt wurde. Bei einer bestimmten Einstellung des Schwenkarms ist die Stellgrößenänderung Δy nach einer Regelgrößenänderung Δx konstant und ändert sich insbesondere mit der Zeit nicht.

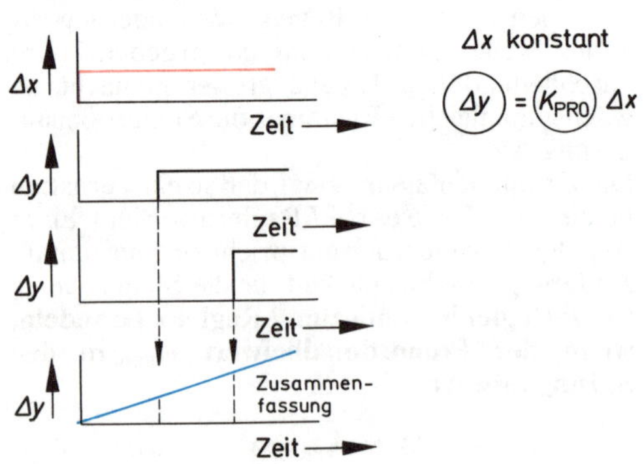

Es kann von einer „starren" Rückführung gesprochen werden. **Von einer „nachgebenden" Rückführung ist dagegen zu sprechen, wenn die Rückführung und damit der Proportionalitätsfaktor sich mit der Zeit ändert.** Die nachgebende Rückführung kann erreicht werden, indem die Spiralfeder durch einen Federbalg ersetzt wird. Dieser Federbalg ist Mitkopplungsbalg zu nennen, da er die Wirkung der Regelgrößenänderung Δx auf den Regler unterstützt und damit dem Gegenkopplungsbalg entgegenarbeitet.
Dem Mitkopplungsbalg wird wie dem Gegenkopplungsbalg die vom Regler ausgehende Stelldruckänderung Δy zugeführt. Gegenüber der Druckluftzuführung zum Gegenkopplungsbalg erfolgt die Druckluftzuführung zum Mitkopplungsbalg über eine Drossel, deren Querschnitt einstellbar ist. Diese Drossel ist, wie später noch näher erklärt werden soll, sinnvoll *I*-Drossel zu nennen. Sie bewirkt, daß unmittelbar nach einer Regelgrößenänderung Δx die dann folgende Stelldruckänderung Δy sich **nur im Gegenkopplungsbalg auswirkt.** Im Mitkopplungsbalg erfolgt dagegen nur eine allmähliche Druckänderung.

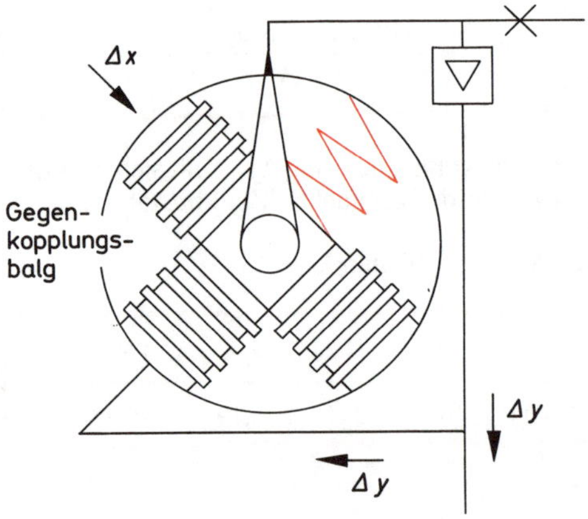

Der gewandelte *P*-Regler verhält sich nicht ganz wie der bekannte *I*-Regler. Beim bekannten *I*-Regler kommt es nach einer sprunghaften Regelgrößenänderung Δx zu Stellgrößenänderungen vom Wert $\Delta y = 0$. Der gewandelte *P*-Regler müßte zum Zeitpunkt $t = 0$ einen Proportionalitätsfaktor $K_{PR0} = 0$ aufweisen, wenn gleiches Verhalten erreicht werden soll.

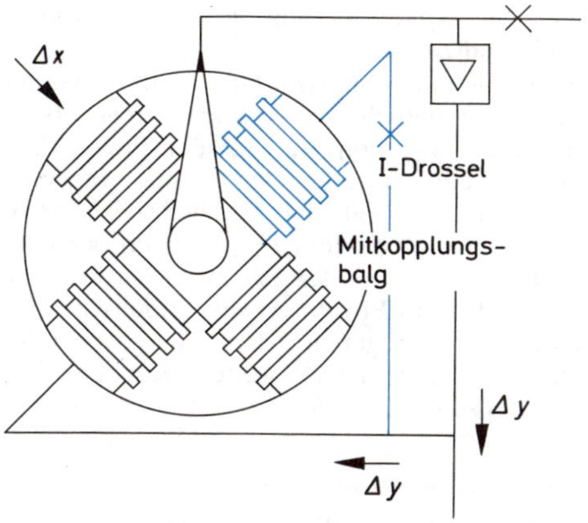

Das ist jedoch nicht der Fall. K_{PR0} ist zum Zeitpunkt $t = 0$ zwar sehr klein zu machen, denn die Gegenkopplung ist voll wirksam. Es ist jedoch nicht $K_{PR0} = 0$ zu erreichen.

Der **Regler verhält sich, so kann damit auch festgestellt werden, bei $t = 0$ wie ein reiner *P*-Regler.** Von Wandlung keine Spur. Die Wandlung macht sich erst allmählich bemerkbar. Erst allmählich kompensiert der Mitkopplungsbalg die Wirkung des Gegenkopplungsbalges und die Stellgrößenänderung Δy wächst wie beim *I*-Regler. Das ist jedoch kein Nachteil. Das Gegenteil ist der Fall. Beim *I*-Regler wirkt sich das Verhalten unmittelbar nach einer sprunghaften Regelgrößenänderung unvorteilhaft aus. Es kommt ja bei $t = 0$ zu keiner Reaktion des Reglers. Der Wirkung einer Störgröße wird somit durch den Regler nicht entgegengewirkt. Die Regelgröße ändert sich somit bei $t = 0$ so, wie wenn der Regler nicht vorhanden wäre.

Der *P*-Regler greift dagegen nach einer sprunghaften Regelgrößenänderung Δx sofort ein. Er hat jedoch den Nachteil, daß es zu einer *P*-Abweichung kommt. Der gewandelte *P*-Regler weist diesen Nachteil nicht auf. Er verhält sich in dieser Hinsicht wie ein *I*-Regler. Zusammenfassend kann somit festgestellt werden, daß **der gewandelte *P*-Regler Vorteile von *P*- und *I*-Reglern hat. Er ist somit sinnvoll *PI*-Regler zu nennen.**

Das Verhalten von *PI*-Reglern läßt sich erfassen, indem **zunächst der P-Anteil, dann der *I*-Anteil und anschließend die Kombination der Reaktionen betrachtet wird.**

Der *P*-Anteil entspricht dem Verhalten von reinen *P*-Reglern. Eine sprunghafte Regelgrö-

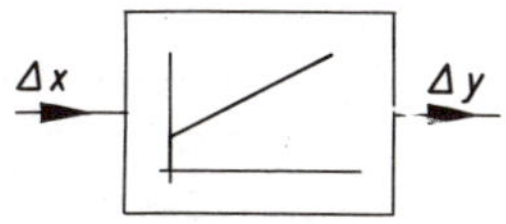

Blockschaltzeichen für PI-Regler

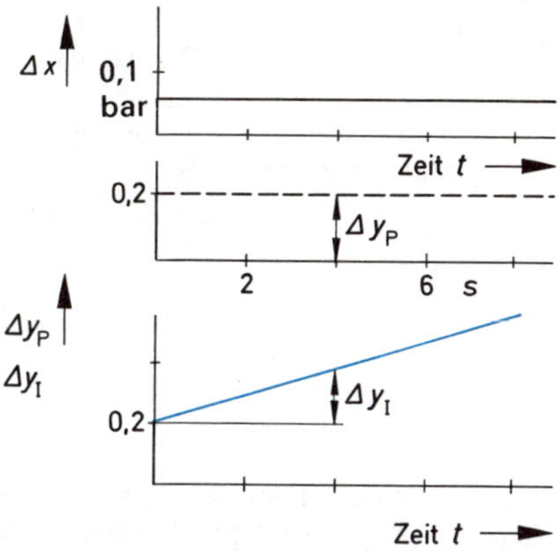

ßenänderung Δx bedingt somit als *P*-Anteil eine proportionale Stellgrößenänderung Δy_P. Mit K_{PR0} als vorliegenden Proportionalitätsfaktor kann somit für den *P*-Anteil festgestellt werden

$$\Delta y_P = K_{PR0} \Delta x$$

Wird z.B. bei Δy_P und Δx in bar

$$\Delta y_P = 2 \Delta x$$

angenommen, so kommt es nach einer sprunghaften Regelgrößenänderung $\Delta x = 0{,}1$ bar zu einem *P*-Anteil $\Delta y_P = 0{,}2$ bar.

Dem *P*-Anteil Δy_P entspricht, wie angegeben wurde, die Stellgrößenänderung zum Zeitpunkt $t = 0$, unmittelbar nach der sprunghaften Regelgrößenänderung Δx. Sie werde Δy_0 genannt. Es gilt somit

$$\Delta y_0 = \Delta y_P$$

Der *I*-Anteil am Verhalten von *PI*-Reglern entspricht der Reaktion von *I*-Reglern. Eine sprunghafte Regelgrößenänderung Δx löst darum als *I*-Anteil eine Stellgrößenänderung mit gleichbleibender Geschwindigkeit aus. Der *I*-Anteil ist somit um so größer, je länger die Zeit t ist,

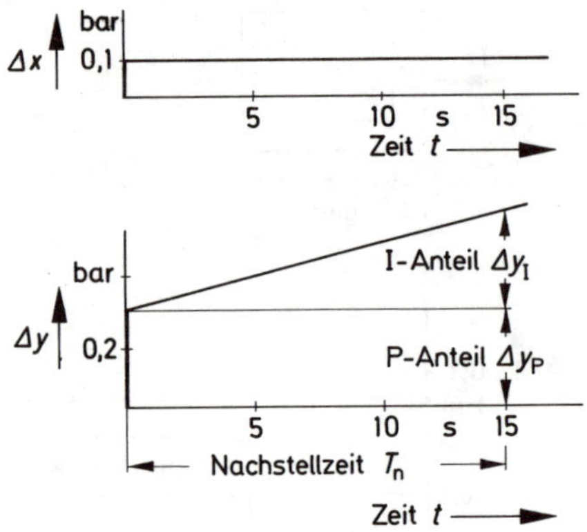

während der Δx wirkt. Für den *I*-Anteil Δy_I ergibt sich somit bei K_{IR0} als entsprechendes Größenverhältnis

$$\Delta y_\mathrm{I} = K_{\mathrm{IR0}} \Delta x\, t$$

Wird z.B. für Δy_I bzw. Δx in bar und t in Sekunden

$$\Delta y_\mathrm{I} = 0{,}5\ \Delta x\, t$$

gewählt, so wächst bei einer sprunghaften Regelgrößenänderung $\Delta x = 0{,}1$ bar der *I*-Anteil Δy_I nach einer Sekunde auf $\Delta y_\mathrm{I} = 0{,}05$ bar, nach zwei Sekunden auf $\Delta y_\mathrm{I} = 0{,}1$ bar usw.
Für einen beliebigen Zeitpunkt ergibt sich somit bei einer sprunghaften Regelgrößenänderung Δx als Stellgrößenänderung Δy die Summe aus dem P-Anteil Δy_P und dem *I*-Anteil Δy_I. Folglich gilt

$$\Delta y = \Delta y_\mathrm{P} + \Delta y_\mathrm{I} = K_{\mathrm{PR0}} \Delta x + K_{\mathrm{IR0}} \Delta x\, t$$

Bei den als Beispiel angeführten Zahlenwerten ergibt sich folglich

$$\Delta y = 2\ \Delta x + 0{,}5\ \Delta x\, t$$

Die zeichnerische Darstellung dieser wieder als Sprungantwort zu bezeichnenden Gleichung dient zur Symbolisierung von *PI*-Reglern im Blockschaltzeichen.
Ergänzend muß nun darauf hingewiesen werden, daß die in den Sprungantworten angegebenen Faktoren K_{PR0} und K_{IR0} in der Praxis durch andere Kenngrößen ersetzt werden. Es wurde dazu bereits gezeigt, daß in der Praxis statt des Proportionalitätsfaktors K_{PR0} der Proportionalbereich X_P, kurz *P*-Bereich, bzw. der bezogene *P*-Bereich x_P in Prozenten verwendet wird.
Neben dem bezogenen *P*-Bereich x_P wird in der Praxis für *PI*-Regler als weitere Kenngröße die Nachstellzeit verwendet.

Die **Nachstellzeit** T_n ist nach dem Normblatt DIN 19226 die Zeit, die bei der Sprungantwort benötigt wird, um aufgrund der *I*-Wirkung eine gleich große Stellgrößenänderung zu erzielen, wie sie infolge des *P*-Anteils entsteht.

Der *P*-Anteil Δy_P stellt sich unmittelbar nach der sprunghaften Regelgrößenänderung Δx ein und bleibt während der Sprungantwort konstant. Für ihn gilt, wie gezeigt wurde,

$$\Delta y_\mathrm{P} = K_{\mathrm{PR0}} \Delta x$$

Diesem *P*-Anteil Δy_P gleicht nach der Nachstellzeit T_n der *I*-Anteil. Für den *I*-Anteil Δy_I galt

$$\Delta y_\mathrm{I} = K_{\mathrm{IR0}} \Delta x\, t$$

Darum ist bei der Gleichsetzung des P-Anteils Δy_P mit dem I-Anteil Δy_I für die Zeit t die Nachstellzeit T_n zu setzen. Es ergibt sich somit für $\Delta y_\mathrm{P} = \Delta y_\mathrm{I}$

$$K_{\mathrm{PR0}} \Delta x = K_{\mathrm{IR0}} \Delta x\, T_\mathrm{n}$$

Durch diese Gleichsetzung kann festgestellt werden

$$K_{\mathrm{IR0}} = K_{\mathrm{PR0}} / T_\mathrm{n}$$

Die Sprungantwort für *PI*-Regler, von der ausgegangen wurde, läßt sich folglich bei Verwendung der Nachstellzeit T_n wie folgt schreiben

$$\Delta y = K_{\mathrm{PR0}} \Delta x + \frac{K_{\mathrm{PR0}}}{T_\mathrm{n}} \Delta x\, t$$

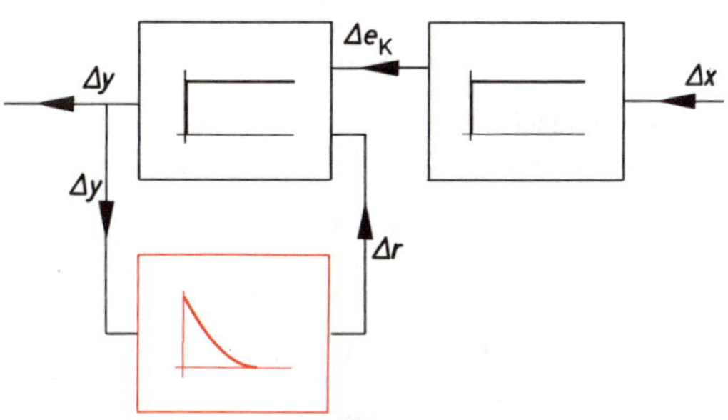

Zusammenfassend ist nun der Blockschaltplan für *PI*-Regler verständlich. Der Blockschaltplan von *PI*-Reglern ist dabei dem Blockschaltplan der *P*-Regler gegenüberzustellen. Die Blockschaltpläne unterscheiden sich durch die Rückführungen. Bei *PI*-Reglern ist von nachgebenden Rückführungen, bei *P*-Reglern ist dagegen von starren Rückführungen zu sprechen.

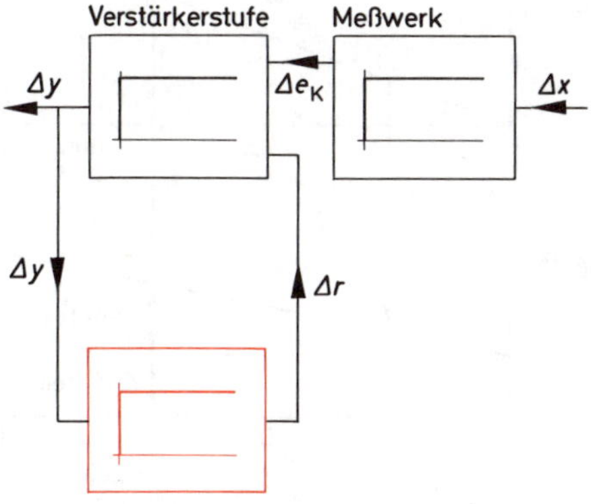

3.1.3. *PD*- und *PID*-Regler

Ist mit *P*- und *I*- bzw. *PI*-Reglern auszukommen? Die Antwort auf diese Frage soll folgende Betrachtung geben.

Es werde das Wirken eines Reglers mit dem eines Kraftfahrers verglichen, der ein Auto sinnvoll zu lenken hat. So habe z.B. der Kraftfahrer sein Auto vor einer Mauer zu parken. Dazu hat der Fahrer einen bestimmten Abstand des Autos von der Mauer, also einen Sollwert des Abstandes herbeizuführen und folglich das Auto entsprechend zu lenken.

Bei oberflächlicher Betrachtung dieses Vorganges könnte angenommen werden, der Autofahrer habe wie jeder bisher beschriebene Regler lediglich die Abweichung Δx des Abstandes vom Sollwert laufend zu beobachten und danach sinnvoll zu handeln. Ist z.B. der Abstand zu groß, so hat er weiterzufahren. Ist der Sollwert des Abstandes erreicht und somit $\Delta x = 0$, hat der Kraftfahrer anzuhalten.

Daß dies auch die bisher beschriebenen Regler getan haben, zeigen die Sprungantworten dieser Regler. Für den P-Regler galt als Sprungantwort zwischen den Regelgrößenänderungen Δx und den Stellgrößenänderungen Δy

$$\Delta y = \pm K_{\mathrm{PR0}} \Delta x$$

Für *I*-Regler ergab sich bezüglich der Stellgeschwindigkeit-Änderungen $\Delta y'$

$$\Delta y' = \pm K_{\mathrm{IR0}} \Delta x$$

Beide Regler reagieren auf Regelgrößenänderungen Δx, was bisher als selbstverständlich und ausreichend betrachtet wurde. Doch kann man sich wirklich mit einem solchen Verhalten begnügen?

Was mehr getan werden kann, zeigt ein geübter Autofahrer. Er beobachtet auch, wie schnell sich der Mauerabstand, die Regelgröße, ändert. Der geübte Fahrer bleibt nicht einfach ruckartig stehen, wenn der Sollwert des Mauerabstandes erreicht ist. Er läßt gekonnt das Auto ausrollen und hält „elegant" vor der Mauer.

Dabei sind natürlich dem Fahrer die regelungstechnischen Zusammenhänge nicht bewußt. Zu seinem Können kam er lediglich durch Übung.

P- und *I*- bzw. *PI*-Regler dürfen somit nach diesen Betrachtungen nicht einfach nur auf Regelgrößenänderungen Δx reagieren. Die Regler müssen vielmehr auch auf Änderungen $\Delta x'$ der Geschwindigkeit ansprechen, mit der die Regelgrößenänderungen Δx größer und kleiner werden.

Die Änderungen $\Delta x'$ lassen sich mathematisch durch Ermittlung des Differentialquotienten bestimmen.

Reagieren Regler auf Geschwindigkeitsänderungen $\Delta x'$, so ist darum sinnvoll, von Reglern mit differenzierendem Verhalten oder von Reglern mit *D*-Einfluß zu sprechen. *P*-Regler mit *D*-Einfluß werden folgerichtig *PD*-Regler genannt. Kommt es bei *PI*-Reglern zum *D*-Einfluß, so ist von *PID*-Reglern zu sprechen.

Bei einem *PD*-Regler bewirkt die Regelgrößenänderung Δx wie bei einem *P*-Regler eine proportionale Stellgrößenänderung Δy_P, die *P*-Anteil zu nennen ist. Mit K_{PR0} als Proportionalitätsfaktor gilt für den *P*-Anteil:

$$\Delta y_P = K_{PR0} \Delta x$$

Werden Δy_P und Δx in bar gemessen, so kann z.B. angenommen werden

$$\Delta y_P = 0{,}5\ \Delta x$$

Bei $\Delta x = 0{,}2$ bar ist damit $\Delta y_P = 0{,}1$ bar, $\Delta x = 0{,}8$ bar bedingt $\Delta y_P = 0{,}4$ bar.
Zu diesem *P*-Anteil kommt bei einem *PD*-Regler der *D*-Anteil, der Δy_D genannt werde. Dieser *D*-Anteil richtet sich, wie bereits angegeben wurde, nach der Geschwindigkeit $\Delta x'$ mit der Δx größer bzw. kleiner wird. Ist die durch den *D*-Einfluß bedingte Stellgrößenänderung Δy_D proportional zu $\Delta x'$ und wird der entsprechende Proportionalitätsfaktor K_{DR0} genannt, so gilt

$$\Delta y_D = K_{DR0} \Delta x'$$

Wird $\Delta x'$ in bar/min und Δy_D selbstverständlich wie Δy_P in bar gemessen, so kann z.B. angenommen werden

$$\Delta y_D = 0{,}3\ \Delta x'$$

bei $\Delta x' = 1$ bar/min ist dann $\Delta y_D = 0{,}3$ bar, $\Delta x' = 0{,}5$ bar/min bedingt $\Delta y_D = 0{,}15$ bar.
Wird die Regelgrößenänderung Δx von $\Delta x = 0$ ausgehend mit der Geschwindigkeit $\Delta x' = 1$ bar/min größer, so ist nach 0,2 min die Regelgrößenänderung $\Delta x = 0{,}2$ bar. Für die sich damit ergebende Stellgrößenänderung Δy gilt

$$\Delta y = \Delta y_P + \Delta y_D$$

Bei Berücksichtigung der vorliegenden Annahmen ergibt sich

$$\Delta y = 0{,}1 + 0{,}3 = 0{,}4 \text{ bar}$$

Nach 0,7 min läßt sich feststellen

$$\Delta y = 0{,}35 + 0{,}3 = 0{,}65 \text{ bar}$$

Verallgemeinernd kann für den *PD*-Regler ermittelt werden

$$\Delta y = K_{PR0} \Delta x + K_{DR0} \Delta x'$$

Das alles mag leicht verständlich sein. Kritisch wird es, wenn gefragt wird, welche Stellgrößenänderung Δy sich zur Zeit $t = 0$, also zu Beginn der Betrachtungen einstellt.

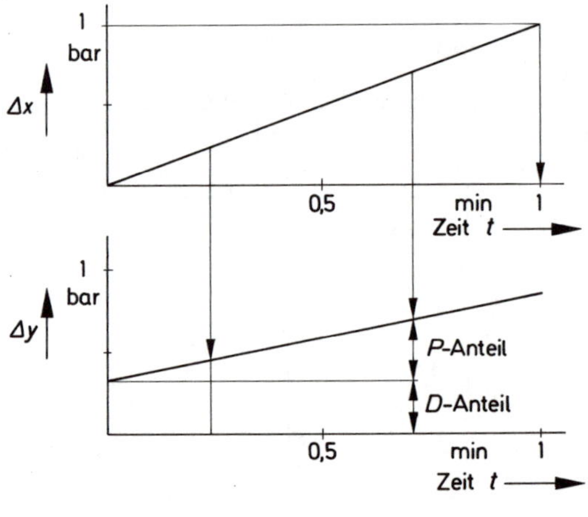

	$\Delta x' = 1$ bar/min		
t	0	0,2	0,7 min
Δy_P	0	0,1	0,35 bar
Δy_D	0,3	0,3	0,3 bar
Δy	0,3	0,4	0,65 bar

Bei oberflächlicher Betrachtung könnte leicht angenommen werden, es gelte $\Delta y = 0$. Fälschlich kann nämlich vermutet werden, zum Zeitpunkt $t = 0$ sei $\Delta x = 0$ und $\Delta x' = 0$. Das trifft jedoch nicht zu. Es ist nur $\Delta x = 0$. Die Geschwindigkeit $\Delta x'$ ist dagegen vom Anfang an gegeben. Im vorliegenden Fall beträgt die Geschwindigkeit vom Anfang an $\Delta x' = 1$ bar/min.

Bei oberflächlicher Betrachtung mag vielleicht auch nicht besonders beachtet werden, daß bei den vorliegenden Überlegungen das Zeitverhalten eines *PD*-Reglers untersucht wurde, indem am Regler ein Anstieg der Reglergrößenänderungen Δx mit der Geschwindigkeit $\Delta x'$ angenommen wurde, während bisher bei der Untersuchung des Zeitverhaltens von Regelkreisgliedern durchgehend die Sprungantwort ermittelt wurde. Es wurde folglich eine entscheidende Änderung der Betrachtungsweise vorgenommen.

Soll das Zeitverhalten von *PD*-Reglern mit dem Zeitverhalten anderer Regler verglichen werden, so muß darum ergänzend untersucht werden, wie sich bei *PD*-Reglern die Stellgröße nach einer sprunghaften Regelgrößenänderung verhält.

Sprunghafte Regelgrößenänderung heißt, die Änderung wird mit großer, theoretisch unendlich großer Geschwindigkeit vorgenommen. Bei der sprunghaften Regelgrößenänderung kommt es somit durch den *D*-Einfluß zu einer starken, theoretisch unendlich großen Stellgrößenänderung Δy_D. Für sie gilt

$$\Delta y_D = K_{DR\,0}\,\Delta x'$$

Ist die Regelgrößenänderung Δx erreicht und wird sie aufrechterhalten, so ist ihre Änderungsgeschwindigkeit $\Delta x' = 0$. Der *D*-Einfluß wirkt sich dann nicht weiter aus. Nur der *P*-Einfluß ist gegeben. Durch ihn kommt es zu einer Stellgrößenänderung Δy_P. Für sie gilt

$$\Delta y_P = K_{PR\,0}\,\Delta x$$

Wird nun zusammenfassend die Sprungantwort von *PD*-Reglern betrachtet, so kann festgestellt werden, **daß dieses Verhalten den praktischen Lebenserfahrungen entspricht.** Um dies einzusehen, braucht nur an das Verhalten eines Schiffskapitäns gedacht zu werden. Der Kapitän hat die Fahrrichtung des Schiffes, den Kurs des Schiffes zu bestimmen und aufrechtzuerhalten. Er ist somit, regelungstechnisch gesehen, Regler für den Schiffskurs. Will der Kapitän eine schnelle Kursänderung erreichen, so hat ihm die praktische Erfahrung gezeigt, daß die Massenträgheit des

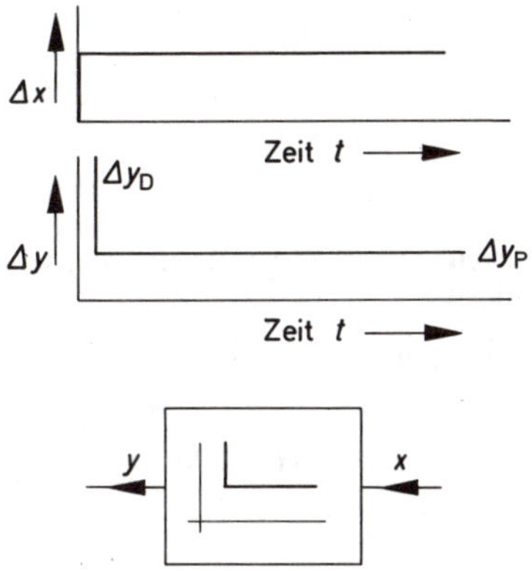

Sprungantwort und entsprechendes Blockschaltzeichen für *PD*-Regler

Schiffes entgegenwirkt. Er wird somit das Ruder nicht nur so weit verstellen, wie es dem gewünschen Kurs entspricht. Der Kapitän wird vielmehr zu Beginn der Kursänderung das Ruder „hart backbord" bzw. „hart steuerbord", also so stark wie möglich verstellen, um das Schiff „in Schwung zu bringen". Das tut auch der *PD*-Regler, wenn er, wie beschrieben wurde, unmittelbar nach einer sprunghaften Regelgrößenänderung Δx eine starke Stellgrößenänderung Δy vornimmt.

Praktische Kenngröße für den *D*-Einfluß ist die Vorhaltzeit T_v.

> Die Vorhaltzeit T_v ist die Zeit, nach der sich bei der Änderung der Regelgröße mit gleichbleibender Geschwindigkeit die Stellgrößenänderung gegenüber dem Anfangswert verdoppelt hat.

Bleibt darzustellen, wie die Vorhaltzeit T_v zu berücksichtigen ist. Dazu kann von der Definition für die Vorhaltzeit T_v ausgegangen werden. Aus ihr kann herausgelesen werden, daß der Zuwachs der Stellgrößenänderung bis zum Zeitpunkt $t = T_v$ dem Anfangswert der Stellgrößenänderung gleicht.

Der Anfangswert der Stellgrößenänderung entspricht dem *D*-Anteil Δy_D, für den ermittelt wurde

$$\Delta y_D = K_{DR0}\,\Delta x'$$

Die Vorhaltezeit T_v in der Anstiegsantwort von *PD*-Reglern.

Für den Zeitpunkt $t = T_v$ gilt

$$\Delta y = \Delta y_P + \Delta y_D = 2\,\Delta y_D$$
$$\text{bzw.}\quad \Delta y_P = \Delta y_D$$

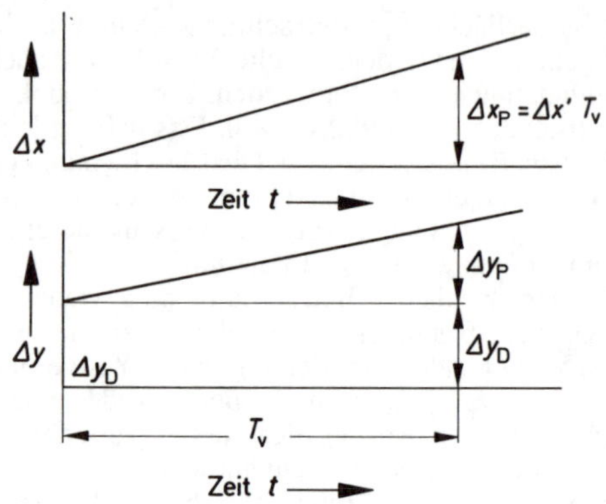

Der Zuwachs der Stellgrößenänderung während der Vorhaltzeit T_v ist der *P*-Anteil Δy_P zum Zeitpunkt $t = T_v$. Dieser *P*-Anteil Δy_P ist proportional zur Regelgrößenänderung Δx_P zur Zeit $t = T_v$. Für diese Regelgrößenänderung Δx_P gilt bei einer Änderungsgeschwindigkeit $\Delta x'$

$$\Delta x_P = \Delta x' \; T_v$$

Ist K_{PR0} der Proportionalitätsfaktor für den *P*-Anteil Δy_P, so ist zum Zeitpunkt $t = T_v$ anzugeben

$$\Delta y_P = K_{PR0}\,\Delta x_P = K_{PR0}\;T_v\,\Delta x'$$

Da bei $t = T_v$ die Gleichsetzung $y_D = y_P$ gilt, ergibt sich

$$K_{DR0}\,\Delta x' = K_{PR0}\;T_v\,\Delta x'$$

Somit ist

$$K_{DR0} = K_{PR0}\;T_v$$

Wird dies in der Anstiegsantwort bzw. Sprungantwort von *PD*-Reglern berücksichtigt, so ergibt sich

$$\Delta y = K_{PR0}\,\Delta x + K_{PR0}\;T_v\,\Delta x'$$

Nach dieser Gleichung stellt sich theoretisch unmittelbar nach einer sprunghaften Regelgrößenänderung Δx eine unendlich große Stellgrößenänderung Δy ein.

Praktisch ist dagegen selbstverständlich nur eine begrenzte, wenn auch große Stellgrößenänderung Δy zu erreichen. Die größte bei einem *P*-Regler als Sprungantwort zu erreichende Stellgrößenänderung Δy ergibt sich, wenn der *P*-Regler ohne Rückführung, das heißt, ohne Gegenkopplung reagiert.

Aus einem *P*-Regler, z.B. einem Kreuzbalg-*P*-Regler, wird somit ein *PD*-Regler, wenn unmittelbar nach einer sprunghaften Regelgrößenänderung Δx die Gegenkopplung unwirksam ist. Das kann durch eine Drossel vor dem Gegenkopplungsbalg geschehen, die sinnvoll *D*-Drossel zu nennen ist.

Durch die *D*-Drossel wird somit beim *PD*-Regler erreicht, daß sich eine Stellgrößenänderung Δy nur allmählich im Gegenkopplungsbalg auswirkt. Unmittelbar nach einer sprunghaften Regelgrößenänderung Δx wirkt der *PD*-Regler ohne Rückkopplung, was wunschgemäß zu der großen Stellgrößenänderung führt.

Erhöht sich der Druck im Gegenkopplungsbalg, so wird bei zunehmender Gegenkopplung die Stellgrößenänderung Δy immer kleiner und kleiner und erreicht schließlich ein Minimum, wenn die Druckänderung im Gegenkopplungsbalg der Stelldruckänderung Δy gleicht.

Es kann somit zusammenfassend angegeben werden, daß der *D*-Einfluß bei praktischen *PD*-Reglern, wie z.B. bei Kreuzbalgreglern, erreicht wird, **indem die Rückführung in Form einer Gegenkopplung nach einer Regelgrößenänderung zunächst ausgeschaltet und anschließend allmählich zur Wirkung gebracht wird. Sinnvoll ist von einer verzögert wirkenden Gegenkopplung zu sprechen.**

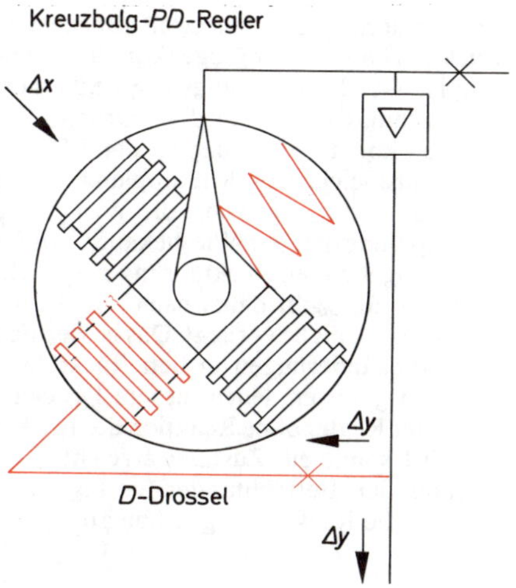

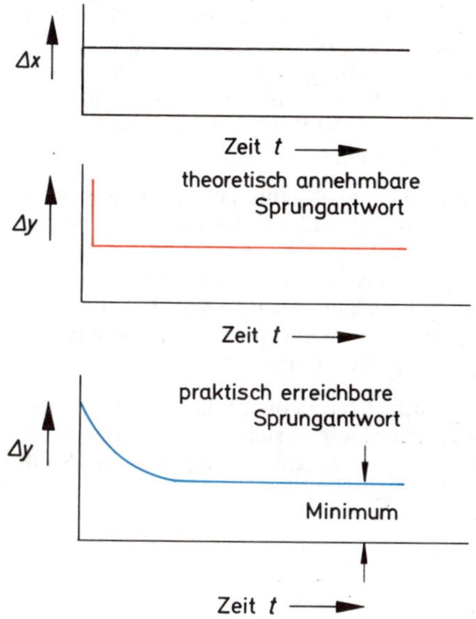

Bisher wurde bei den Betrachtungen über den *D*-Einfluß bei *PD*-Reglern nur die Beschleunigung und die damit erzielbare Verbesserung der Regelungsvorgänge hervorgehoben. Nun muß ergänzend festgestellt werden, daß sich bei der Verwendung von *PD*-Reglern wie bei *P*-Reglern nach einer Regelgrößenänderung gegenüber dem Sollwert der Regelgröße eine bleibende Regelgrößenänderung, eine *P*-Abweichung einstellt, denn letztlich verhält sich eben, wie dargestellt wurde, ein ***PD*-Regler wie ein *P*-Regler. Der *D*-Einfluß ist nur vorübergehend, unmittelbar nach der Regelgrößenänderung wirksam.**
Es sind somit ergänzend Regler mit *D*-Einfluß zu beschreiben, bei denen dies vermieden wird.
Das sind *PI*-Regler mit *D*-Einfluß, die sinnvoll *PID*-Regler genannt werden.
Kommt zum *PI*-Verhalten der *D*-Einfluß, so gilt als Sprungantwort bzw. Anstiegsantwort

$$\Delta y = K_{\mathrm{PR\,0}}\,\Delta x + K_{\mathrm{IR\,0}}\,\Delta x\,t + K_{\mathrm{DR\,0}}\,\Delta x'$$

bzw.

$$\Delta y = K_{\mathrm{PR\,0}}\,\Delta x + \frac{K_{\mathrm{PR\,0}}}{T_{\mathrm{n}}}\,\Delta x\,t + K_{\mathrm{PR\,0}}\,T_{\mathrm{v}}\,\Delta x'$$

Dies bedingt, daß sich, wie bei allen Reglern mit *D*-Einfluß, unmittelbar nach einer sprunghaften Regelgrößenänderung Δx eine sehr große Stelldruckänderung Δy ergibt. Theoretisch ist eine unendlich große Stelldruckänderung Δy anzunehmen, denn bei einer sprunghaften Regelgrößenänderung ist, wie bereits festgestellt wurde, streng genommen die Änderungsgeschwindigkeit $\Delta x'$ unendlich groß. Praktisch ist natürlich nur eine begrenzte, wenn auch große Stelldruckänderung Δy zu erreichen.
Die größte bei einem Regler zu erreichende Stellgrößenänderung Δy ergibt sich, wenn der Regler ohne Reaktion der Rückführung wirkt. Aus einem Kreuzbalg-*PI*-Regler wird somit ein **Kreuzbalg-**

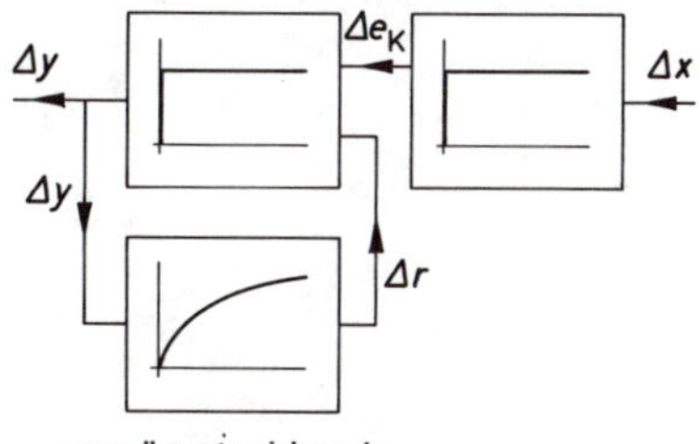

verzögert wirkende Gegenkopplung

PID-Regler, wenn unmittelbar nach einer sprunghaften Regelgrößenänderung Δx die Rückführung „lahmgelegt" ist, wie das durch eine Drossel vor der Rückführung erreicht werden kann. Wie bei *PD*-Reglern wird diese Drossel *D*-Drossel genannt.

Durch die *D*-Drossel kann sich die unmittelbar nach einer Regelgrößenänderung Δx bedingte Stelldruckänderung Δy zunächst nicht auf die Rückführung auswirken. Allmählich kommt es jedoch zum Druckausgleich an der *D*-Drossel, die Mitkopplung wird wirksam und das bereits beschriebene *PI*-Verhalten setzt ein.

Es kommt also nach dem Abklingen des *D*-Verhaltens zu einer laufend sich verstärkenden Stelldruckänderung Δy. Am Anfang ist die Stelldruckänderung Δy klein, weil zunächst von der Rückführung nur der Gegenkopplungsbalg wirksam ist. Der Mitkopplungsbalg ist zu dieser Zeit unwirksam, da vor ihm die *I*-Drossel liegt. Allmählich kommt es jedoch an der *I*-Drossel zum Druckausgleich. Der Mitkopplungsbalg kommt ins Spiel und kompensiert die Wirkung des Gegenkopplungsbalges. Wie bekannt, wird von einer nachgebenden Rückführung gesprochen. Die Rückführung „gibt dabei nach", bis keine Rückführwirkung mehr vorliegt. Das ist der Fall, wenn die Druckänderungen in den Rückführungsbälgen sich gleichen. Nach diesem Druckausgleich wirkt der Regler ohne Reaktion der Rückführung. Es wird somit ein Zustand erreicht, wie er am Anfang der Betrachtungen vorlag, als die *D*-Drossel die Rückführung lahmlegte.

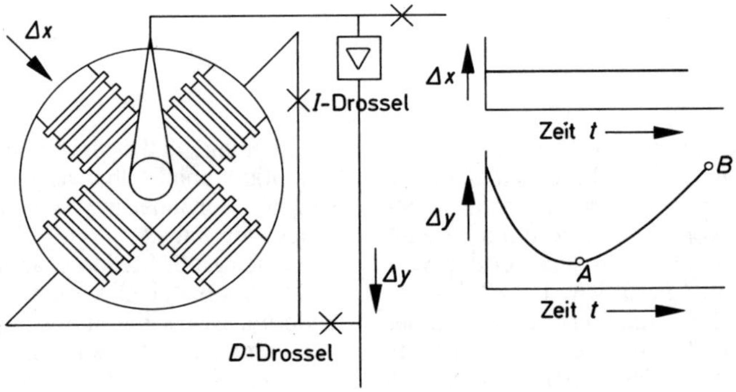

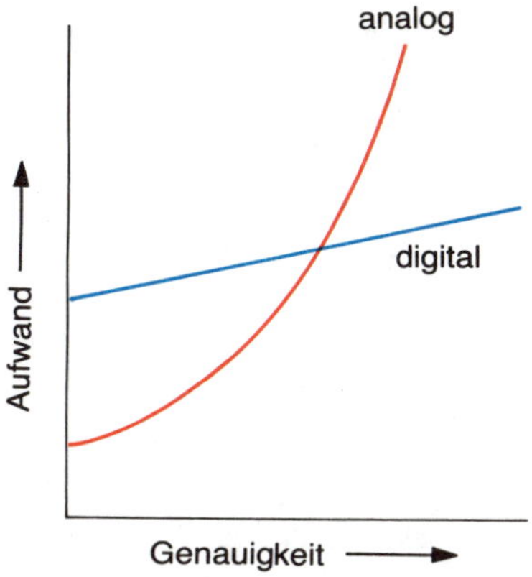

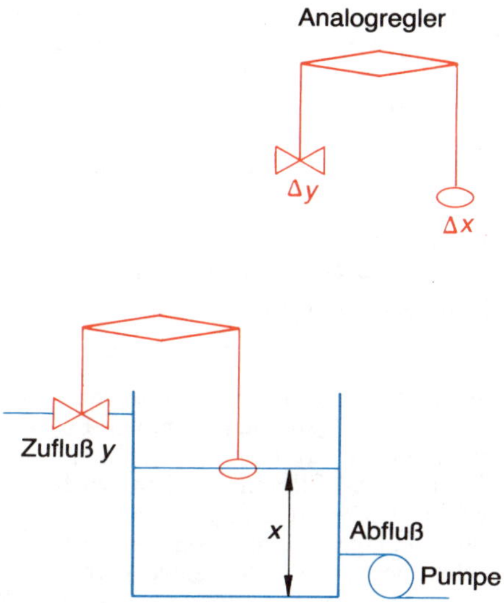

3.2. Analog- und Digitalregler

Das Zeitverhalten von Reglern wird durch Sprungantworten gekennzeichnet. Für *P*-Regler gilt z.B. für die Sprungantwort bezüglich Stell- und Regelgrößenänderungen

$$\Delta y = K_{PR\,0}\,\Delta x$$

Ist ein *P*-Regler zu realisieren, muß das hierfür zu wählende System das angegebene Zeitverhalten aufweisen. So kann z.B. bei einer Wasserstandsregelung der *P*-Regler eine Hebelübersetzung zwischen Schwimmer und Zuflußventil sein. **Das Verhalten der Hebelübersetzung entspricht der vorgegebenen Sprungantwort** von *P*-Reglern. Das Verhalten der Hebelübersetzung ist somit dem Zeitverhalten von *P*-Reglern analog.

> Ein Analogregler ist folglich ein System, dessen Zeitverhalten einem gewünschten Zeitverhalten entspricht, also analog zu ihm ist.

Die Sprungantworten von Reglern können jedoch auch als Rechenanweisungen angesehen werden. Die Sprungantwort von *P*-Reglern kann als Multiplikation von Regelgrößenänderungen Δx mit dem Proportionalitätsfaktor $K_{PR\,0}$ angesehen werden, wobei entsprechende Zahlenwerte denkbar sind.

Es kann z.B. gelten

$$37 \cdot 23$$

Das Rechenergebnis kann in eine Stellgrößenänderung Δy umgesetzt werden.

> Regler, bei denen Zahlenrechnungen bzw. algebraische Rechnungen bestimmend sind, werden Digitalregler genannt.

Der Rechengang bei Digitalreglern kann durchaus mit dem Rechnen unter Verwendung eines Rechenschiebers verglichen werden. Bei einer solchen Rechnung wird zweckmäßigerweise einleitend die zu lösende Aufgabe, im vorliegenden Fall die Multiplikation, auf ein Blatt Papier geschrieben. Danach wird mit dem Rechenschieber die Multiplikation ausgeführt. Abschließend wird das Rechenergebnis auf dem Blatt Papier mit der Rechenaufgabe vermerkt.

Das „Blatt Papier“ ist bei den im allgemeinen elektronisch wirkenden Digitalreglern ein Datenspeicher. Modellhaft kann der Datenspeicher als Platte mit mehreren Reihen von Glimmlämpchen angenommen werden. Mit den Glimmlämpchen können Ziffern erfaßt werden, wobei allerdings **nur zwei Ziffern, die**

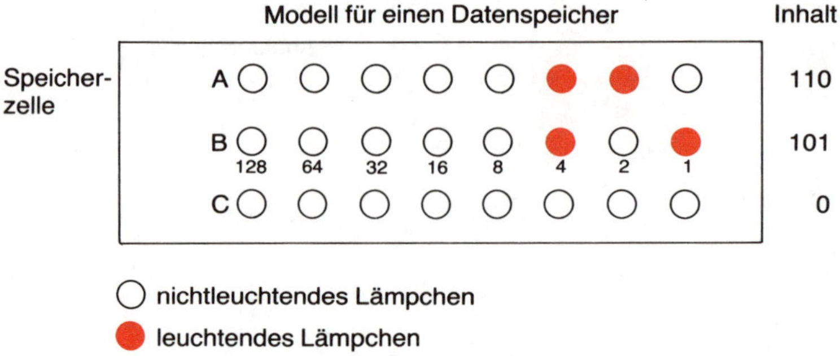

Ziffern 0 und 1, möglich sind. Ein Glimmlämpchen kann ja nur zwei Zustände annehmen. Es kann leuchten, oder es kann nicht leuchten. Dem nichtleuchtenden Glimmlämpchen wird sinnvoll der Wert 0 zugeordnet. Dem leuchtenden Lämpchen entspricht der Wert 1. Die Rechnung selbst bewirkt ein Rechenwerk, das durch ein Steuerwerk gelenkt wird.

Zahlen, die nur zwei Ziffern verwenden, werden Binärzahlen genannt. Bei den üblichen Zahlen, den Dezimalzahlen, stehen 10 Ziffern, nämlich die Ziffern

$$0, 1, 2, 3, 4, 5, 6, 7, 8, 9$$

zur Verfügung. Jeder Ziffer in einer Dezimalzahl ist ein Ziffernwert und ein Stellenwert zugeordnet. So hat z. B. in der Dezimalzahl

$$648$$

die Ziffer an der dritten Stelle von rechts den Ziffernwert 6 und den Stellenwert $10^2 = 100$. Es kann geschrieben werden

$$648 = 6 \cdot 10^2 + 4 \cdot 10^1 + 8 \cdot 10^0$$
$$= 600 + 40 + 8$$

Entsprechend ist bei Binärzahlen vorzugehen. Hier sind die Stellenwerte der Ziffern die Zweierpotenzen. So kann z. B. geschrieben werden

$$1101 = 1 \cdot 2^3 + 1 \cdot 2^2 + 0 \cdot 2^1 + 1 \cdot 2^0$$
$$= 1 \cdot 8 + 1 \cdot 4 + 0 \cdot 2 + 1 \cdot 1$$

Dem entspricht die Dezimalzahl

$$8 + 4 + 1 = 13$$

Entscheidend ist nun einzusehen, daß der Aufbau der Rechenwerke von Digitalreglern am einfachsten ist, wenn Binärzahlen verwendet werden.

Das Rechnen mit Binärzahlen entspricht dem bei Dezimalzahlen. Bei der Addition von Dezimalzahlen wird bekanntlich wie folgt verfahren:

	387	Meist vereinfacht	
	+452	geschrieben	387
Übertrag	1		+452
	839		839

Beim Rechnen mit Binärzahlen ist ganz analog zu verfahren. Gegenüber dem Addieren von Dezimalzahlen ergeben sich jedoch erfreulicherweise beim Addieren von Binärzahlen nur ganz wenige Ziffernkombinationen. Bei Dezimalzahlen sind, wie das angegebene Beispiel zeigt, die Kombinationen

$$2 + 7, \quad 5 + 8, \quad 4 + 3$$

möglich. Praktisch beliebig viel andere Kombinationen sind denkbar. Beim Addieren von Binärzahlen sind nur folgende Kombinationen möglich:

$0 + 0 = 0$	
$1 + 0 = 1$	
$0 + 1 = 1$	
$1 + 1 = 10$	entspricht 0 Übertrag 1

Das beweist, daß das Rechnen mit Binärzahlen einfacher, wenn auch viel ungewohnter ist als das Rechnen mit Dezimalzahlen. So ergibt sich z. B. folgende Addition von Binärzahlen:

	1101	entspricht	13
	+ 1110		+14
Übertrag	11		27
	11011		

Diese Addition ist mit einem Digitalregler auszuführen, indem zunächst die zu addierenden Zahlen in Speicherzellen des Datenspeichers gebracht werden. Bei dem angenomme-

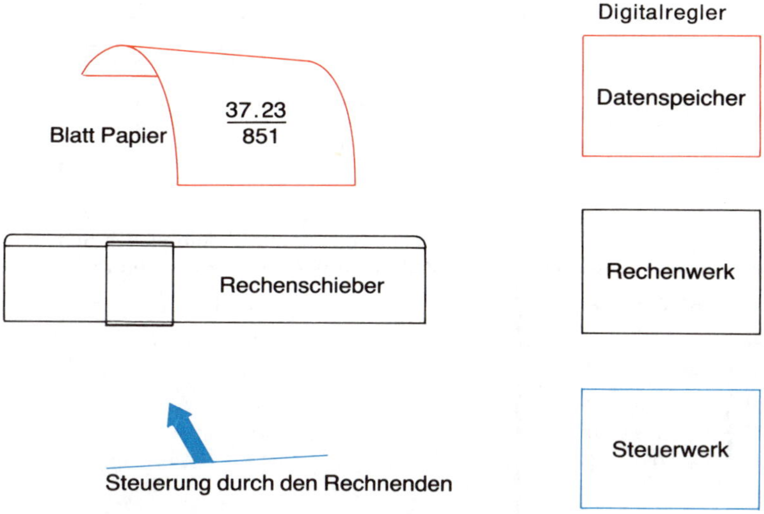

nen Modell eines Datenspeichers sind die **Speicherzellen die Lämpchenreihen**. In der als Speicherzelle A angenommenen Lämpchenreihe ist anzubringen

00001101 entspricht 13

In die Speicherzelle B gehört

00001110 entspricht 14

Die Speicherzelle C ist für das Rechenergebnis freizuhalten.

Nun sei an einem **Modell für das Rechenwerk** verfolgt, was bei einer Addition geschieht. Herkömmlich werden dabei die jeweils übereinander stehenden Ziffern der Summanden addiert. Die Ziffern sollen Z_1 und Z_2 genannt werden. Mit den Ziffern ganz rechts werde begonnen. Gegebenenfalls ist ergänzend ein Übertrag $\dot{U}_v$ von der vorhergehenden Stelle zu addieren. Ergebnis der Addition ist die Summe S. Beim gewählten Beispiel gilt somit einleitend

$$Z_1 + Z_2 + \dot{U}_v = S$$
$$1 + 0 + 0 = 1$$

Lämpchen zeigen im Rechenwerks-Modell wie im Modell für den Datenspeicher die Ziffern 0 und 1 an. Soll somit die Summe

$$S = 1$$

erfaßt werden, so ist der Stromkreis für ein Lämpchen zu schließen. Ein Schalter, der bei Betätigung die Kontakte schließt, wird Schließer genannt. Der Schließer im S-Stromkreis soll betätigt werden, wenn gilt

$$Z_1 = 1$$

Es muß somit für Z_1 ein Lämpchen aufleuchten. Für dieses Z_1-Lämpchen muß also ein Stromkreis geschlossen werden. Mit dem Schließer im Stromkreis für das S-Lämpchen ist somit ein Schließer im Stromkreis für das Z_1-Lämpchen zu betätigen.

Als Bedingung für das Aufleuchten des S-Lämpchens gilt nun ergänzend

$$Z_2 = 0$$

Ein Lämpchen für Z_2 darf also nicht aufleuchten. Ein Schließer für das Z_2-Lämpchen darf somit nicht betätigt werden. Andererseits muß das mit diesem Schließer verbundene Kontaktpaar im Stromkreis für das S-Lämpchen geschlossen sein, denn das S-Lämpchen soll ja nach wie vor leuchten. Ein Kontaktpaar das geschlossen ist und bei Betätigung geöffnet wird, ist Öffner zu nennen. Ein solcher Öffner ist auch für die Erfassung des Übertrages

$$\dot{U}_v = 0$$

zu wählen.

Analog ist der Schaltplan für die Addition der Summanden-Ziffern an der **zweiten Stelle** von rechts zu bestimmen. Es gilt

$$Z_1 + Z_2 + \dot{U}_v = S$$
$$0 + 1 + 0 = 1$$

Für die **dritte Stelle** von rechts gilt, wenn $\dot{U}_n$ der Übertrag zur nachfolgenden Stelle genannt wird,

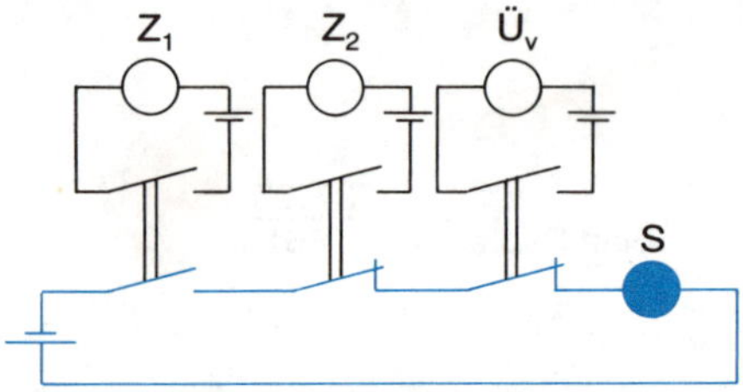

Schaltplan-Teil für die Addition der Summanden-Ziffern an der ersten Stelle von rechts

$$Z_1 + Z_2 + \ddot{U}_v$$
$$1+0+0$$

Mögliche Additionen

Z_1		Z_2		$\ddot{U}_v$	=	S	$\ddot{U}_n$
0	+	0	+	0	=	0	0
1	+	0	+	0	=	1	0
0	+	1	+	0	=	1	0
1	+	1	+	0	=	0	1
0	+	0	+	1	=	1	0
1	+	0	+	1	=	0	1
0	+	1	+	1	=	0	1
1	+	1	+	1	=	1	1

$$Z_1 + Z_2 + \ddot{U}_v = S \qquad \ddot{U}_n$$
$$1+1+0=0 \qquad 1$$

Für die **vierte Stelle** von rechts gilt

$$Z_1 + Z_2 + \ddot{U}_v = S \qquad \ddot{U}_n$$
$$1+1+1=1 \qquad 1$$

Für die **fünfte Stelle** von rechts gilt schließlich

$$Z_1 + Z_2 + \ddot{U}_v = S$$
$$0+0+1=1$$

Nachdem nunmehr Beispiele für Additionsschaltungen vorgestellt wurden, bleibt zu fragen, welche Additionsschaltungen überhaupt nötig sind, um die **Gesamtschaltung** für das Rechenwerk-Modell angeben zu können. Bei der Einführung über Binärzahlen wurde bereits festgestellt, daß sich mit den beiden Ziffern 0 und 1 vier Kombinationen bilden lassen. Für jede dieser Kombinationen kann ein Übertrag $\ddot{U}_v$ von der vorhergehenden Stelle angenommen werden. So ergeben sich vier Stromkreise für das Aufleuchten des S-Lämpchens und vier Stromkreise für das Aufleuchten des $\ddot{U}_n$-Lämpchens.

Modell für das Rechenwerk (Addierwerk)

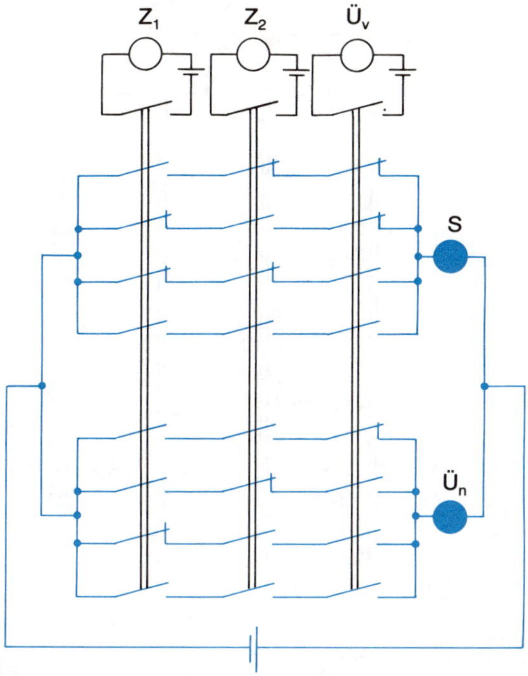

> Da die Rechenwerke von Digitalreglern Addierwerke sind, müssen alle Rechnungen auf Additionen zurückgeführt werden.

Eine Multiplikation muß so zum Beispiel zu einer wiederholten Addition gemacht werden. Die vorliegende kurze Einführung von Digitalreglern zeigte, daß die Digital-Rechenwerke Schaltersteuerungen sind. Das Verhalten von Schaltern ist also bestimmend. Als man jedoch versuchte, mit elektromagnetischen Schaltern (Relais) Digital-Rechenwerke zu bauen, gelang das nicht. Elektronenröhren versagten auch. Erst mit Halbleiter-Elementen gelang der Durchbruch.
Digitalregler bzw. Digital-Rechenwerke und die dazugehörigen Speicher können nur digitale Signale verarbeiten. Regelgrößen, Stellgrößen, Störgrößen und Führungsgrößen stehen jedoch oft nur in analoger Form zur Verfügung. Es bedarf somit Analog-Digitalwandler bzw. Digital-Analogwandler.
Die Lenkung von Digitalrechnern bzw. Digitalreglern kann nicht direkt mit Binärzahlen erfolgen, wie sie die Rechenwerke verarbeiten. Es bedarf vielmehr entsprechender Programmiersprachen.

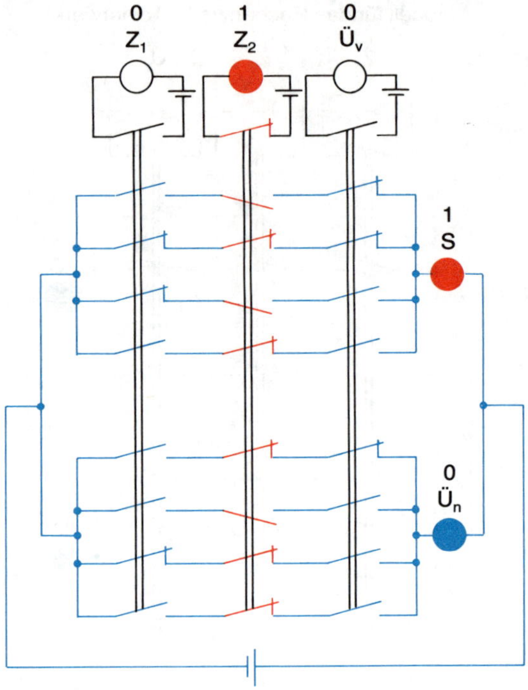

$$Z_1 + Z_2 + \ddot{U}_v = S$$
$$0 + 1 + 0 = 1$$

3.3. Auswahl von Reglern und Optimierung von Regelungen

Was führt zu optimalen Regelungen? Um diese Frage kreiste eigentlich alles.

Optimale Regelungen regeln stabil und möglichst genau. Laufend wurde darum der Dualismus von Stabilität und Genauigkeit bei Regelkreisen hervorgehoben und festgestellt, daß die Forderung nach Stabilität vielfach im Widerspruch zur Forderung nach möglichst hoher Genauigkeit steht.

Bei Regelungen mit *P*-Reglern bedingt z.B. eine Verkleinerung des bezogenen *P*-Bereichs x_P des Reglers eine Verkleinerung der *P*-Abweichung und damit eine Erhöhung der Genauigkeit. Eine Verkleinerung des bezogenen *P*-Bereichs x_P verstärkt jedoch auch die Neigung des Regelkreises zu unstabilem Verhalten. Bei der Optimierung von Regelungen mit *P*-Reglern kommt es darum, so zeigte sich, darauf an, den bezogenen *P*-Bereich so klein zu machen, wie es die Forderung nach Stabilität der Regelkreise erlaubt.

Der bezogene *P*-Bereich x_P ist, wie angegeben wurde, nicht die einzige Kenngröße von Reglern, mit deren Wahl das Reglerverhalten zur Optimierung von Regelungen variiert werden kann. Weitere Kenngrößen sind die Nachstellzeit T_n und die Vorhaltzeit T_v.

So kann z.B. bei Regelungen mit *PI*-Reglern eine Optimierung durch Verkürzen der Ausregelungszeiten erreicht werden, indem die Nachstellzeit T_n verkleinert wird. Wieder muß dabei auf die Stabilität der Regelkreise geachtet werden.

Wo liegt nun von Fall zu Fall das Optimum? Wie stark kann z.B. der bezogene *P*-Bereich x_P **oder die Nachstellzeit** T_n **verkleinert werden,** ohne daß die Stabilität der Regelkreise in Gefahr ist.

In vielen Fällen müssen bei der Planung von Fertigungs- und Dienstleistungsprozessen Regler grob ausgewählt und bei der Erstellung der Anlagen eingebaut werden. Manchmal wird nun eine so geschaffene Anlage in Betrieb genommen, indem einfach mittlere Werte bzw. sonst mehr oder weniger willkürlich bestimmte Werte für die einstellbaren Reglerkenngrößen gewählt werden, und siehe da, es klappt, alles verläuft wunschgemäß. Doch jeder Anfänger lernt sehr bald, was vermittelt wurde:

Das Verhalten von Regelungen hängt vom vorliegenden Arbeitspunkt ab. Ändert sich somit der Arbeitspunkt, wird z.B. bei der Anlage von Halblast auf Vollast gegangen, so kann es passieren, daß die Anlage, scherzhaft formuliert, „verrückt spielt", das heißt, vorliegende Regelungen unstabil werden.

Es ist somit falsch, beruhigt zu sein, wenn eine erste willkürliche Inbetriebnahme zufriedenstellendes Verhalten einer Anlage ergibt. Möglichst kritisches Verhalten ist notwendig. Es muß, scherzhaft formuliert, „der Teufel an die Wand gemalt werden", indem **unstabiles Verhalten der Anlage bewußt herbeigeführt und durch ein Registrierinstrument sichtbar gemacht wird.**

Dabei sei darauf hingewiesen, daß in vielen praktischen Fällen ein Registrierinstrument, z.B. in Form eines Linienschreibers zur Verfügung steht. Oft liegt nämlich eine sogenannte „Regelstation" vor. Sie besteht aus dem **Regler, einem Schreiber und dem „Leitgerät",** mit dem der Sollwert eingestellt und die Umschaltung von der selbsttätigen Regelung zur Regelung von Hand erfolgen kann. Vielfach müssen ja Anlagen von Hand angefahren werden.

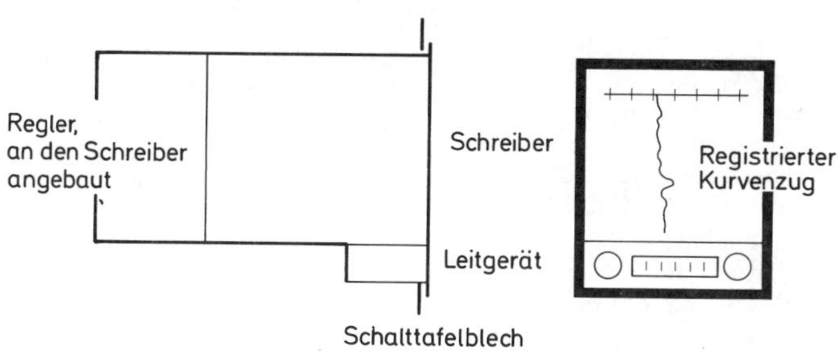

Bleibt zu fragen, unter welchen Bedingungen „der Teufel an die Wand zu malen“ ist. Nun, es zeigte sich ja, daß *P*-Regler weitgehend stabiler regeln als *I*-Regler. Dagegen regeln *P*-Regler weniger genau als *I*-Regler. *P*-Regler bedingen ja *P*-Abweichungen. Wird damit ein *P*-Regler gewählt, so ist ein Höchstmaß an Stabilität gegeben. Wird nun nach der Wahl eines *P*-Reglers im Regelkreis Unstabilität herbeigeführt, indem der bezogene *P*-Bereich x_P entsprechend verkleinert wird, so kann wohl angenommen werden, daß der ungünstigste Fall vorliegt, von dem mit Recht für die weiteren Entscheidungen ausgegangen werden kann.

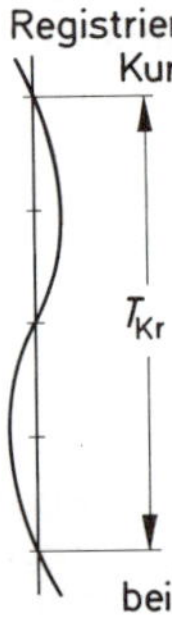

Der Wert der Regelgröße braucht sich dabei gegenüber dem Sollwert nur ganz wenig zu ändern, die Schwingungsweite kann also klein gehalten werden. Das muß hervorgehoben werden, da eingewendet werden kann, daß Regelgrößenänderungen gegenüber dem Sollwert schädliche Produktionsbeeinflussungen bedingen können.

Planloses Herumprobieren beim Anpassen der Regler an die Regelstrecken ist jedoch oft schlimmer.

Es muß eben, wie bereits scherzhaft festgestellt wurde, „der Teufel an die Wand gemalt werden“, damit genügend Abstand von dem nachgewiesenen Stabilitätsrand gehalten werden kann. Wie groß dieser Abstand gehalten werden muß, haben Ziegler und Nichols in Form von Einstellrichtlinien für Regler angegeben. Nach ihnen muß z.B. der Abstand vom Stabilitätsrand gehalten werden, indem bei einem *P*-Regler x_P doppelt so groß gewählt wird wie ${}_{Kr}x_P$.

Einstellrichtlinien für Regler nach Ziegler und Nichols:

P-Regler

$$x_P = 2\ {}_{Kr}x_P$$

PI-Regler

$$x_P = 2{,}2\ {}_{Kr}x_P$$

$$T_n = 0{,}85\ T_{Kr}$$

PID-Regler

$$x_P = 1{,}7\ {}_{Kr}x_P$$

$$T_n = 0{,}5\ T_{Kr}$$

$$T_v = 0{,}12\ T_{Kr}$$

Für einen *PID*-Regler, bei dessen Anpassung an die Regelstrecke sich z.B.

$${}_{Kr}x_P = 60\% \text{ und } T_{Kr} = 0{,}2 \text{ min}$$

ergab, sind folgende Kenngrößenwerte für den Regler zu wählen

$$x_P = 1{,}7\ {}_{Kr}x_P = 1{,}7 \cdot 60 = 102\%$$
$$T_n = 0{,}5\ T_{Kr} = 0{,}5 \cdot 0{,}2 = 0{,}1 \text{ min}$$
$$T_v = 0{,}12\ T_{Kr} = 0{,}12 \cdot 0{,}2 = 0{,}024 \text{ min}$$

Bisher wurde davon ausgegangen, daß das Zeitverhalten der Regelstrecke, an die ein Regler anzupassen ist, nicht bekannt ist. Nunmehr werde angenommen, das Zeitverhalten der Regelstrecke sei bekannt. Insbesondere liege die Sprungantwort für den jeweils gegebenen Arbeitspunkt vor. In diesem Fall können die Kenngrößenwerte für den Regler rechnerisch oder experimentell bestimmt werden.
Für die rechnerische Bestimmung der Kenngrößenwerte haben Ziegler und Nichols Berechnungsrichtlinien angegeben. Sie bestimmen, daß bei der Anwendung dieser Richtlinien näherungsweise neben einer reinen Totzeit T_t die Sprungantwort einer Speicherstrecke 1. Ordnung mit Ausgleich angenommen wird, die neben der Zeitkonstanten T_S durch den Proportionalitätsfaktor K_{PS0} gekennzeichnet ist. Für die Sprungantwort gilt somit

$$T_S\,\Delta x' + \Delta x = K_{PS0}\,\Delta y$$

In Wirklichkeit verläuft die Sprungantwort meist

Berechnungsrichtlinien
nach Ziegler und Nichols:

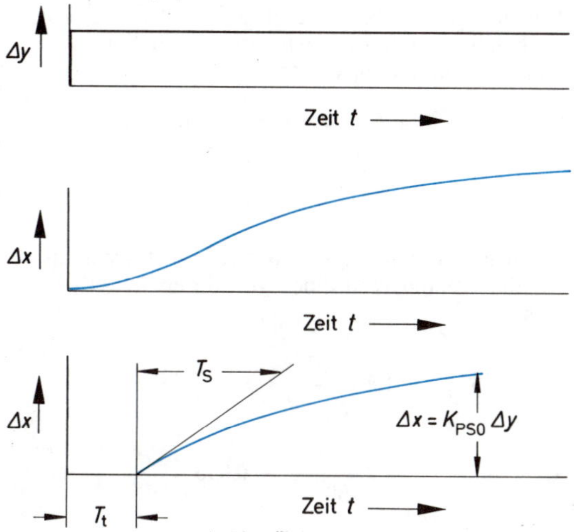

Regler	K_{PR0}	T_n	T_v
P	$\frac{T_S}{K_{PS0}\,T_t}$		
PI	$0{,}9\,\frac{T_S}{K_{PS0}\,T_t}$	$3{,}3\,T_t$	
PID	$1{,}2\,\frac{T_S}{K_{PS0}\,T_t}$	$2\,T_t$	$0{,}5\,T_t$

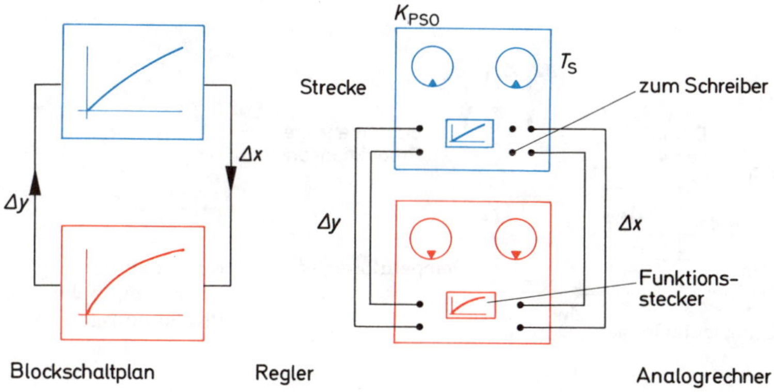

Nachbildung eines
Regelkreises mit
einem Analogrechner

S-förmig. Wird z.B. bei der Regelstrecke an einen gasbeheizten Ofen gedacht, so kann näherungsweise angenommen werden

$$T_t = 2 \text{ min}, \quad T_S = 3 \text{ min},$$

$$K_{PS0} = 50 \, \frac{°\text{C}}{\text{m}^3/\text{h}}$$

Nach den Berechnungsrichtlinien ergibt sich dann für die Kenngrößen eines gewählten *PID*-Reglers

$$K_{PR0} = 1{,}2 \, \frac{T_S}{K_{PSy} \, T_t}$$

$$= 1{,}2 \, \frac{3}{50 \cdot 2} = 0{,}036 \, \frac{\text{m}^3/\text{h}}{°\text{C}}$$

$$T_n = 2 \, T_t = 2 \cdot 2 = 4 \text{ min},$$

$$T_v = 0{,}5 \, t_t = 0{,}5 \cdot 2 = 1 \text{ min}$$

Auch experimentell kann, wie festgestellt wurde, vorgegangen werden. Am besten geschieht dies mit elektronischen Analogrechnern.

Bei Verwendung dieser Rechner werden Regler und Regelstrecke elektronisch nachgebildet. Die am Rechner zu messenden elektrischen Spannungen verhalten sich wie die jeweiligen Regelkreisgrößen, wie z.B. Temperaturen und Drehzahlen. Das Verhalten der Spannungen ist somit zu dem der Regelkreisgrößen analog. Darum der Name Analogrechner. Bei dem skizzierten Analogrechner wird durch Funktionsstecker das Zeitverhalten eingestellt, während mit Drehknöpfen die Werte der Kenngrößen, z.B. die Werte von K_{PS0} und T_S gewählt werden können.

Es wurde gezeigt, wie Regler optimal an Regelstrecken anzupassen sind. **Bleibt zu fragen, wie die dadurch erreichte Regelgüte festzustellen ist.** Um es gleich zu sagen: Für die Bestimmung der Regelgüte gibt es kein allgemeingültiges Rezept.

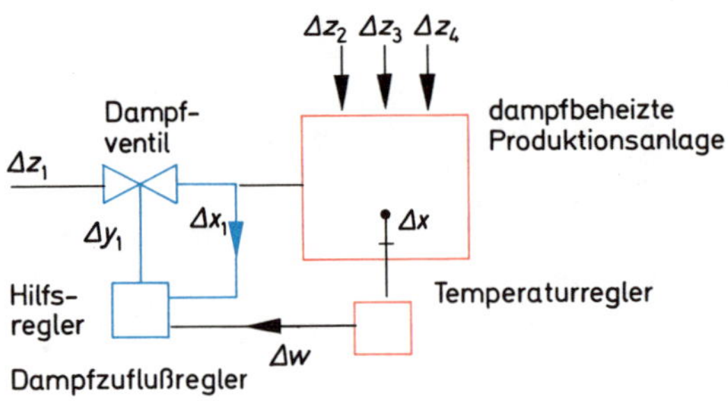

Kaskadenregelung an einer dampfbeheizten Produktionsanlage

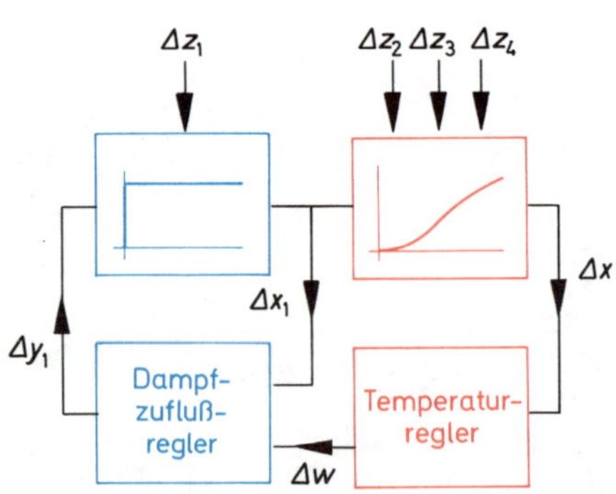

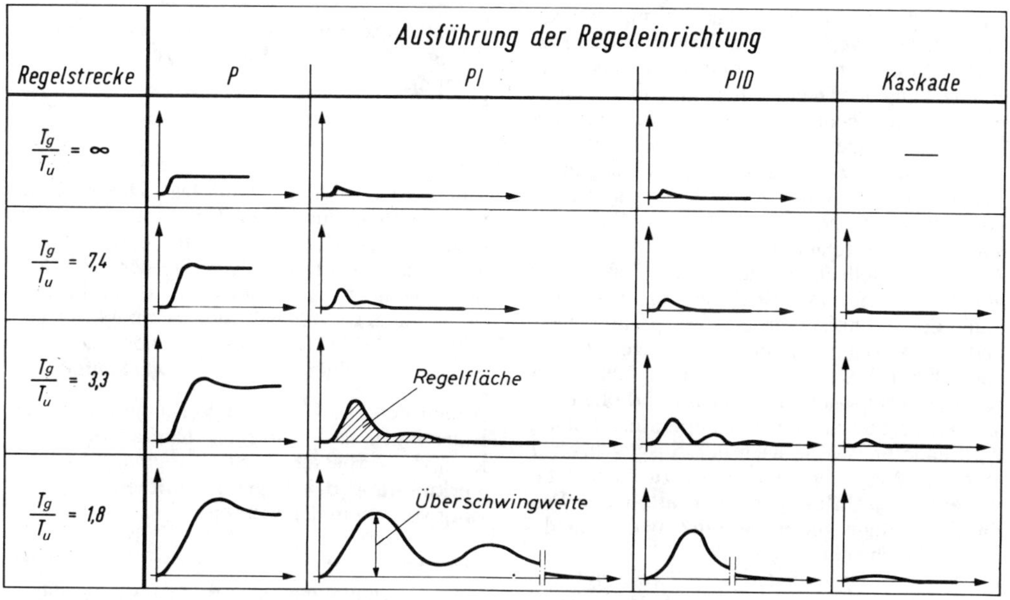

Tabelle nach Angaben der J. C. Eckardt AG, Stuttgart-Bad Cannstatt

Besteht z.B. in einer Anlage **Explosionsgefahr,** so muß vielfach unter allen Umständen verhindert werden, daß gewisse Grenzwerte nicht über- bzw. unterschritten werden. Die Güte einer entsprechenden Regelung muß somit nach der **maximalen Überschwingweite** beim Einpendeln der Regelgröße auf den Sollwert beurteilt werden.

Bei anderen Regelungen spielen kurzfristige Überschreitungen keine große Rolle. Hier ist wünschenswert, daß der Sollwert der Regelgröße nach einer Störgrößeneinwirkung möglichst rasch wieder erreicht wird. Maß für die Güte einer Regelung kann in diesem Fall die sogenannte **Regelfläche** *A* sein. Dies ist die Fläche, die von der Kurve für die Regelgröße mit der Zeitachse eingeschlossen wird. Je kleiner die Regelfläche *A* ist, um so größer ist die **Regelgüte** *G*. Es gilt somit

$$G = \frac{1}{A}$$

Besonders hervorgehoben sei, daß bei Absprachen über die Güte von Regelungen genau festgelegt werden muß, **unter welchen Bedingungen die Regelgüte zu bestimmen ist.** Insbesondere muß genau vereinbart werden, wo und wie die entsprechenden Störgrößen an den vorliegenden Regelkreisen einwirken und wo bzw. wie die Regelgrößenänderungen gegenüber dem Sollwert zu messen sind.

Als Maßstab für den Schwierigkeitsgrad dient das Verhältnis der Ausgleichszeit T_g zur Verzugszeit T_u bei der vorliegenden Regelstrecke. Der Schwierigkeitsgrad ist um so größer, je kleiner das Verhältnis ist. Bei einem sehr kleinen Verhältnis reicht ein einfacher Regelkreis nicht aus. Es ist eine Kaskadenregelung notwendig.

Für leicht zu beherrschende Regelkreise mit einem großen Verhältnis T_g/T_u ist die Verwendung einer Kaskadenregelung sinnlos. Ein *PI*-Regler reicht voll und ganz.

Der Aufbau und die Wirkungsweise einer Kaskadenregelung werde an einem praktischen Beispiel gezeigt.

In einer **dampfbeheizten Produktionsanlage,** als einer Speicherstrecke höherer Ordnung, sei die Temperatur zu regeln. Dazu ist die Dampfzufuhr entsprechend anzupassen. Steigt die Temperatur in der Produktionsanlage über den Sollwert, so ist die Dampfzufuhr zu drosseln, bei abnehmender Temperatur ist die Dampfzufuhr zu verstärken. Eine Verstärkung der Dampfzufuhr führt jedoch leider nicht unmittelbar zu einer Temperaturerhöhung. Das „verflixte“ Zeitverhalten der Produktionsanlage macht sich bemerkbar. Nach der Verstärkung der Dampfzufuhr muß es ja erst zu einer entsprechenden Wärmeleitung kommen, bevor die Temperatur steigt. Die Wärmeleitung braucht seine Zeit, da bei der vorliegenden Produktionsanlage die Wärmeleitung in mehreren hintereinander geschalteten Wärmespeichern zu erfolgen hat.

An der Meßstelle für die zu regelnde Temperatur wird sich somit unmittelbar nach einer Verstärkung der Dampfzufuhr die Temperatur nicht ändern. Es kommt zu einer Verzugszeit T_u. Erst nach dieser Verzugszeit T_u beginnt sich die zu regelnde Temperatur allmählich zu erhöhen. Die sich ergebende maximale Temperaturerhöhung wird näherungsweise nach der Ausgleichzeit T_g erreicht. Was kann nun, so ist zu fragen, **bei diesem so „zähflüssigen“ Verhalten der Produktionsanlage getan werden?** Wie kann das Regeln beschleunigt werden?

Ein Weg zur Überwindung der Schwierigkeiten bietet sich an, wenn erkannt wird, daß bei der vorliegenden Regelung wahrscheinlich **vor allem betriebsbedingte Schwankungen der Dampfzufuhr stören werden.** Diese Störgrößenänderungen können verzögerungsarm mit einem Hilfsregler kompensiert werden, der das Dampfventil verstellt. Der Temperaturregler hat dann nur den Einfluß der anderen Störgrößen zu korrigieren. Er ist so entlastet, und die Temperaturregelung wird genauer.

Die sich so ergebende Verknüpfung zweier Regelungen wird Kaskadenregelung genannt.

Bleibt zu fragen, wie bei der Verknüpfung der Temperaturregler eingreift. Das Dampfzuflußventil wird ja durch den Zuflußregler verstellt. Nun, der Temperaturregler kann eine Sollwertänderung Δw für den Zuflußregler bewirken. Sinkt dann z.B. die Temperatur in der Produktionsanlage, so veranlaßt der Temperaturregler eine verstärkte Dampfzufuhr, indem er dem Zuflußregler einen höheren Sollwert aufgibt.

Neben der beschriebenen Verknüpfung zweier Regelungen in Form einer Kaskadenregelung kann zur Verbesserung einer Regelung auch die **Verknüpfung der Regelung mit einer Steuerung** vorgenommen werden.

Die Verknüpfung einer Regelung mit einer Steuerung wird Störgrößenaufschaltung genannt.

An einem praktischen Beispiel werde gezeigt, was zu der Verknüpfung führt.

Bei einer **Wasserstandsregelung mit einer Speicherstrecke ohne Ausgleich** ist ein *P*-Regler erforderlich, der jedoch leider eine Ungenauig-

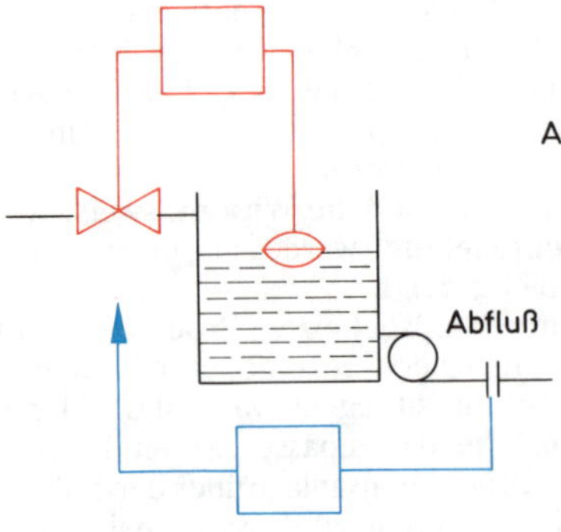

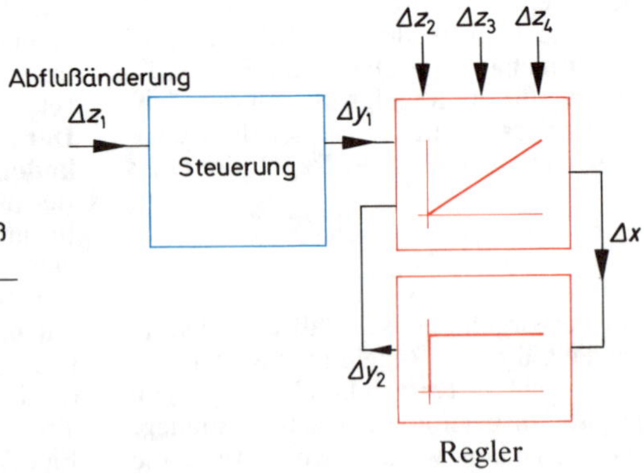

keit bei der Regelung in Form der *P*-Abweichung bedingt. Wie groß die *P*-Abweichung ist, richtet sich nach der Summe der Störgrößenänderungen. Je größer die Summe ist, um so größer ist die *P*-Abweichung.
Es gilt somit, die Summe der Störgrößenänderungen, deren Einfluß der *P*-Regler zu kompensieren hat, möglichst klein zu machen. Das kann geschehen, indem **die Einwirkung der hauptsächlichsten Störgröße durch eine Steuerung kompensiert wird.** Der *P*-Regler hat dann nur dem Einfluß der restlichen Störgrößen entgegenzuwirken. Bei der gewählten Wasserstandsregelung kann z.B. die hauptsächlichste Störgröße der Abfluß sein. Weniger bedeutsame Störgrößen können dagegen z.B. der Wasserdruck in der Zuflußleitung und die Verschmutzung des Zuflußventils sein.
Der Einfluß von Abflußschwankungen kann durch eine Steuerung ohne *P*-Abweichungen kompensiert werden, indem durch die Steuerung laufend der Abfluß erfaßt und danach der Zufluß entsprechend verändert wird. Für den Regler bleibt dann nur die Kompensation des Einflusses der anderen Störgrößen.
Nach der nun erfolgten Einführung der Begriffe Störgrößenaufschaltung und Kaskadenregelung soll auf sehr ähnlich klingende Begriffe hingewiesen werden, durch die jedoch ganz andere Sachverhalte erfaßt werden.
Für die bisherigen Betrachtungen wurde im allgemeinen angenommen, daß am Regler ein fester Sollwert eingestellt ist.

Festwertregelung ist eine Regelung bei fester Regler-Sollwerteinstellung.

Eine Änderung des Reglersollwertes mit der Zeit kann jedoch durchaus wünschenswert sein.

Zeitplanregelung ist eine Regelung, bei der die Führung des Reglers nach einem Zeitplan erfolgt.

Doch nicht nur mit der Zeit ist gegebenenfalls der Reglersollwert zu ändern. Auch infolge anderer Einflüsse kann dies notwendig sein.

Folgeregelung ist eine Regelung, bei der die Führung des Reglers durch eine von der Regelung nicht beeinflußte Führungsgröße erfolgt.

Die Optimierung einer Regelung kann nur nach Annahme eines Arbeitspunktes, also eines bestimmten Betriebszustandes erfolgen. Ändert sich der Betriebszustand, ändert sich der Arbeitspunkt. Ändert sich z.B. bei einer Trocknungsanlage die Belastung, so müssen zur Optimierung die veränderten Parameter berücksichtigt werden. Das muß im allgemeinen durch das Bedienungspersonal erfolgen. Frage ist nur, ob das Personal dazu in der Lage ist, denn die Optimierung einer Regelung setzt Erfahrung voraus und ist oft ziemlich zeitraubend. Das Personal kann mit adaptiven Reglern entlastet werden.

Adaptive Regler sind Regler, die sich selbsttätig anpassen und die Regelungen laufend optimieren.

4. Zusammenfassung

Das **„Abc der Regelungstechnik“**, wie das Vermittelte vereinfacht genannt werden kann, begann mit einer Gegenüberstellung von Regelungen und Steuerungen. **Regelungen** sind danach **Wirkungskreise**, Regelkreise genannt, **Steuerungen** sind dagegen **Wirkungsketten**. Von Automatisierungstechnik ist zu sprechen, wenn Regelungen und Steuerungen mit Prozeßrechnern gelenkt werden.

Dann wurde mit der Untersuchung elementarer Regelkreise begonnen. Es waren Regelkreise mit den Grundformen von Reglern, *P*- und *I*-Reglern. So wurden Grundlagen der Regelungstechnik verständlich. Insbesondere wurde dabei festgestellt, daß **Regelkreisglieder** durch ihr **Zeitverhalten** gekennzeichnet werden. Erfaßt wurde das Zeitverhalten der Regelkreisglieder vor allem durch **Sprungantworten**, auf den Frequenzgang wurde hingewiesen. Durch Zusammenfassungen von Regelkreisgliedern standen sich letztlich im Regelkreis eine **Regelstrecke** und ein **Regler** gegenüber.

Beim Zusammenwirken von Reglern und Regelstrecken wurde vor allem das **Störverhalten** von Regelkreisen verfolgt. Dabei wurde festgestellt, welche Änderungen Δx der Regelgröße x sich einstellen, wenn es durch den Regler zu Änderungen Δy der Stellgröße y kommt, weil eine Änderung Δz der Störgröße z erfolgt ist.

Für den ersten behandelten Regelkreis mit einer **verzögerungsarmen Regelstrecke und einem *P*-Regler** kann ermittelt werden, daß es nach einer Störgrößenänderung zu einer bleibenden Regelgrößenänderung gegenüber dem Sollwert kommt. Diese Regelgrößenänderung wird sinnvoll ***P*-Abweichung** genannt.

Zwangsläufig ergibt sich so die Frage nach Reglern, die keine bleibende Regelgrößenänderung bedingen und somit genauer regeln. Auf diese Weise kommt es zur Betrachtung von Regelkreisen mit ***I*-Reglern**. Es zeigt sich, daß es bei der Verwendung von *I*-Reglern nur zu **vorübergehenden Regelgrößenänderungen** gegenüber dem Sollwert kommt, die im Laufe der Ausregelungszeit abgebaut werden.

Sollen damit *I*-Regler als Regler 1. Klasse und *P*-Regler als Regler 2. Klasse gekennzeichnet werden? Nichts wäre falscher als das! Zum Beweis der Richtigkeit dieser Behauptung wurde eine Wasserstandsregelung mit einem *I*-Regler untersucht. Es konnte eingesehen werden, daß dieser Regelkreis unstabil ist. „Reumütig“ mußte zum *P*-Regler zurückgekehrt werden. Der ermöglichte eine stabile Wasserstandsregelung. So wurde erkannt:

Regelungen müssen genau regeln und stabil sein!

Sind entsprechende mathematische Vorkenntnisse gegeben, so kann sehr anschaulich mit **Frequenzgangsbetrachtungen** die Stabilität von Regelkreisen untersucht werden.

Auch ohne Frequenzgangsbetrachtungen kann jedoch festgestellt werden, daß die **Ursache für Unstabilitäten** von Regelkreisen **Speicherungsvorgänge** bei den Regelstrecken sein können. Sinnvoll ist von **Speicherstrecken** zu sprechen. Die angegebene Wasserstandsregelung zeigte dies. Wasserstandsänderungen bedingen beim Behälter Wasserspeicherungen bzw. Entleerungen.

Der *P*-Regler wirkte bei Wasserstandsregelungen als „Notnagel“. Er verhalf zu einer stabilen, wenn auch nicht ganz genauen Regelung. So bleibt nachzuweisen, daß auch Regelkreise mit *P*-Reglern unstabil sein können. Es gilt nämlich zu zeigen, daß **mit keinem Regler eine stabile Regelung zu garantieren** ist. Bei entsprechendem Zeitverhalten der Regelstrecke können ein *I*-Regler und ein *P*-Regler versagen.

Für die entsprechende Untersuchung diente ein Regelkreis, bei dem das Zeitverhalten der Regelstrecke eine **Totzeit** aufwies. Es ist von einer **Totzeitstrecke** zu sprechen. Nicht immer ist die Totzeit klar abgegrenzt. Es kommt vielmehr zu einem fließenden Übergang. In diesem Fall muß näherungsweise verfahren und von einer **Verzugszeit** gesprochen werden.

Nachdem so nun unstabile Regelungen als unbrauchbar gekennzeichnet wurden, war auf Regelungen einzugehen, die von Natur aus unstabil sind. Das sind die Regelungen mit **Zweipunktreglern**. Diese Regler können nur zwei Werte der Stellgröße einstellen. Die sich so zwangsläufig ergebenden Pendelungen des Wertes der Regel-

verzögerungsarme Strecken

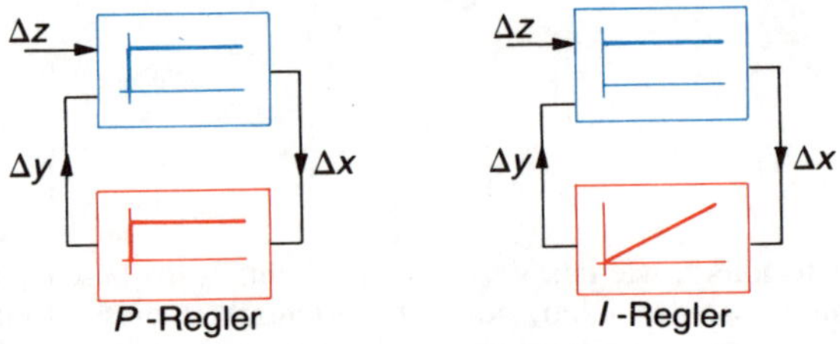

problemlose Regelkreise

einfache Speicherstrecken

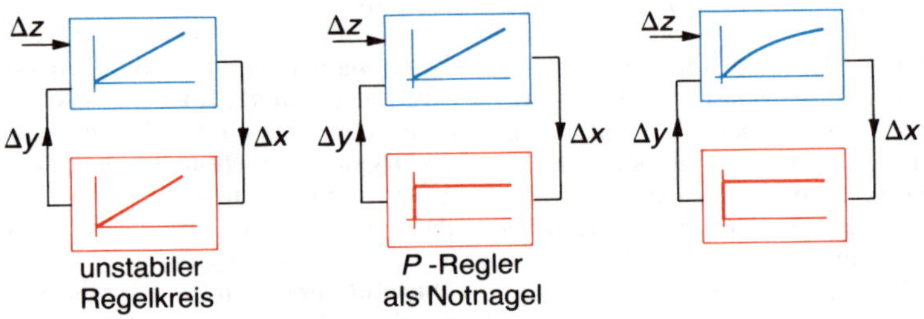

schwierigere Regelkreise

Totzeit- bzw. Verzugszeitstrecken

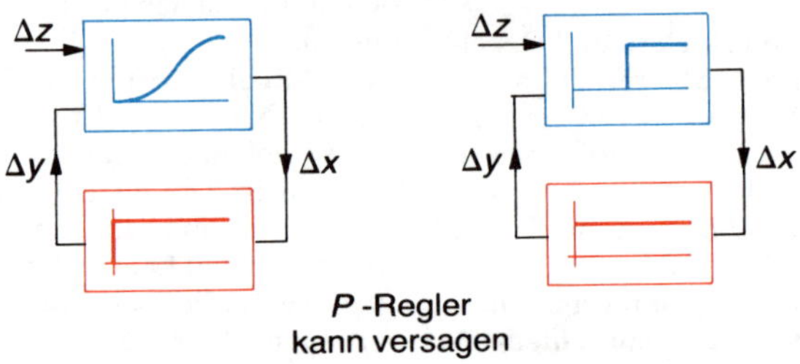

schwierigste Regelkreise

größe um den Sollwert sind jedoch, insbesondere bei Temperaturregelungen, hinzunehmen.
Es wurden Spielregeln bekannt, die einzuhalten sind, wenn optimale Regelungen erreicht werden sollen. So wurde zum Beispiel gezeigt, daß sich bei der Verwendung von *P*-Reglern nach Störgrößenänderungen *P*-Abweichungen einstellen. Diese *P*-Abweichungen sind um so kleiner, je größer der in der Sprungantwort des *P*-Reglers gegebene Proportionalitätsfaktor ist. Andererseits kann es bei einem großen Proportionalitätsfaktor zu unstabilen Regelungen kommen.
Der **Proportionalitätsfaktor** ist somit nicht beliebig zu vergrößern. Er **kann vielmehr nur so stark vergrößert werden, wie es die Forderung nach Stabilität** des vorliegenden Regelkreises **zuläßt**. Bei praktischen *P*-Reglern muß folglich der Proportionalitätsfaktor einstellbar sein. Das geschieht mit der **Rückführung** des Reglers. Die Rückführung bildet mit der Verstärkerstufe einen Wirkungskreis, dessen Verhalten dem Verhalten eines Regelkreises entspricht.
Die Rückführung an Reglern ermöglicht auch die Erfüllung einer anderen Forderung, die an praktische Regler zu stellen ist. **Ein *I*-Regler muß sich zum *P*-Regler wandeln lassen**, denn bei manchen Regelkreisen führt, wie gezeigt wurde, ein *I*-Regler zu einer unstabilen Regelung.
Zwangsläufig ergab sich in dieser Situation der Wunsch nach der Wandlung von ***P*-Reglern in *I*-Regler**, genauer ausgedrückt, in *PI*-Regler. Die *PI*-Regler vereinen die Vorteile von *P*-Reglern und *I*-Reglern. Sie greifen nämlich wie *P*-Regler unmittelbar nach Störgrößenänderungen bzw. Regelgrößenänderungen ein und regeln andererseits wie *I*-Regler genau, das heißt, sie bedingen keine *P*-Abweichung.
P-Regler, *I*-Regler bzw. *PI*-Regler haben den Nachteil, daß sie lediglich nach Regelgrößenänderungen eingreifen. Dies läßt sich verbessern, wenn **Regler geschaffen werden**, die nicht nur auf Regelgrößenänderungen, sondern auch **auf Änderungen der Geschwindigkeit hin reagieren**, mit der die Regelgrößenänderungen größer bzw. kleiner werden. Solche Regler werden Regler mit differenzierendem Verhalten, kurz Regler mit ***D*-Einfluß** genannt. Aus *P*-Reglern werden so *PD*-Regler, und *PI*-Regler mit *D*-Einfluß sind analog *PID*-Regler zu bezeichnen. Wieder hilft das „Allheilmittel" Rückführung zu einer entsprechenden Wandlung der Regler. Analogregler wurden Digitalreglern gegenübergestellt.
Die Gedanken über die Verwendung von Reglern mit *D*-Einfluß hatten, wie eigentlich alle anderen vorhergehenden Überlegungen, den **Wunsch nach der Optimierung von Regelungen** zum Angelpunkt. Möglichst genaue und stabile Regelungen werden gewünscht. Solche Regelungen lassen sich jedoch nicht immer allein durch entsprechende Modifizierungen der Reglereigenschaften gewinnen. In schwierigen Fällen, bei denen die Regelstrecken insbesondere durch lange Totzeiten bzw. Verzugszeiten gekennzeichnet sind, ist es notwendig, **zwei Regelkreise zu verknüpfen**. Es wird von einer **Kaskadenregelung** gesprochen. Auch die **Verbindung einer Regelung mit einer Steuerung, Störgrößenaufschaltung** genannt, führt zur Optimierung.
Bisher wurde von einem zwar frei wählbaren, aber nach der Wahl festen Sollwert für die Regelgröße ausgegangen. Zur Kennzeichnung dieser Lage wird von **Festwertregelungen** gesprochen. Bei manchen Regelungen ist es dagegen notwendig, den Sollwert laufend zu ändern. Solche Sollwertänderungen können z.B. infolge von Belastungsänderungen notwendig sein, die sich bei der Anlage einstellen, in der geregelt wird. Solche Regelungen werden sinnvoll **Folgeregelungen** genannt. **Zeitplanregelungen** heißen dagegen Regelungen, bei denen die Zeit die Größe ist, von der die Wahl des Sollwertes abhängt.
Abschließend wurde auf adaptive Regler hingewiesen. Das sind Regler, die sich selbsttätig anpassen und die Regelungen laufend optimieren.

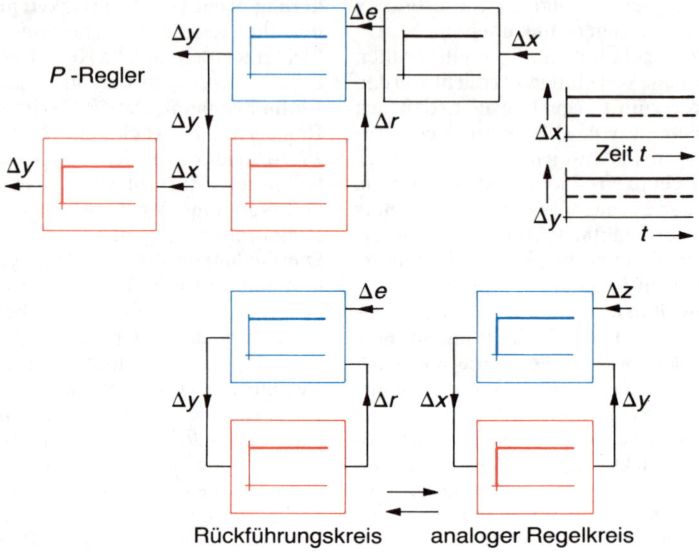
P-Regler
Δe
Δy
Δx
Δy
Δr
Δy
Δx
Δx
Zeit t
Δy
t
Δe
Δz
Δy
Δr
Δx
Δy
Rückführungskreis
analoger Regelkreis

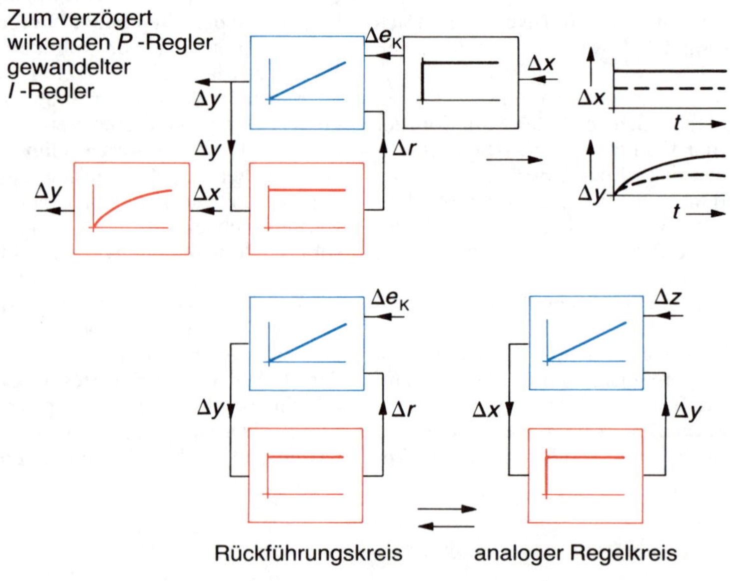
Zum verzögert wirkenden P-Regler gewandelter I-Regler
Δe_K
Δx
Δy
Δx
t
Δy
Δr
Δy
Δx
Δy
t
Δe_K
Δz
Δy
Δr
Δx
Δy
Rückführungskreis
analoger Regelkreis

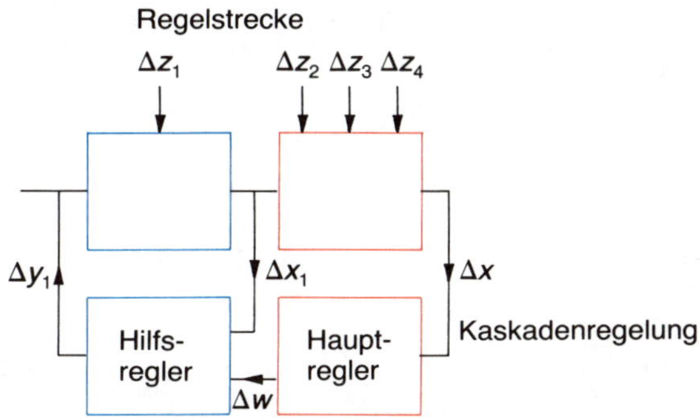
Regelstrecke
Δz1
Δz2 Δz3 Δz4
Δy1
Δx1
Δx
Hilfs-
regler
Haupt-
regler
Δw
Kaskadenregelung

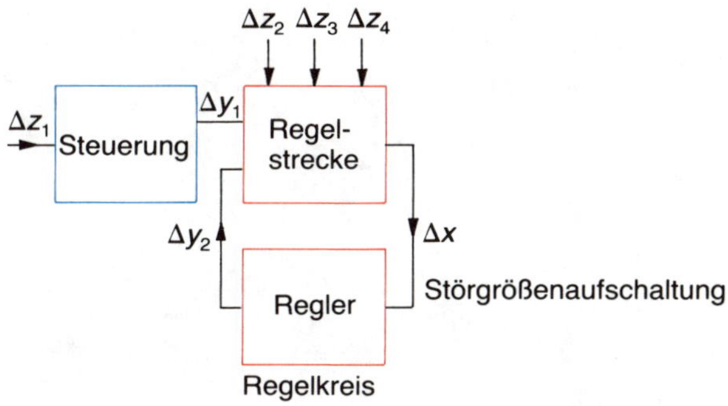
Δz2 Δz3 Δz4
Δz1
Steuerung
Δy1
Regel-
strecke
Δy2
Δx
Regler
Störgrößenaufschaltung
Regelkreis

Stichwortverzeichnis

A

Addierwerk 97
Additionsschaltung 95
Analogrechner 101
Analogregler 93
Arbeitspunkt 12
Ausgleichzeit 51
Ausregelzeit 31
Automatisierungstechnik 7

B

Balgwaage 58
Binärzahlen 94
Blockschaltzeichen 16

D

D-Anteil 88
D-Drossel 90
D-Einfluß 88
Datenspeicher 93, 94
Digitalregler 93
Druckölverteiler 78

E

Einstellrichtlinien 100, 101

F

Festwertregelung 104
Fliehkraftpendel 78
Folgeregelung 104
Frequenzgang 44
Führungsgröße 8
Führungsverhalten 18

G

Gegenkopplung 62

H

Handregelung 7

I

I-Anteil 85
I-Regler 29
I-Strecke 35

K

Kaskadenregelung 102, 103
Kennlinienfeld 13
Kennliniengleichung 12
Kraftschalter 58
Kreuzbalgregler 73
Kritischer P-Bereich 100
Kritische Schwingungsdauer 100

L

Leitgerät 99

M

Meßumformer 8
Mitkopplung 62

N

Nachgebende Rückführung 87
Nachstellzeit 86

O

Öffner 95

P

P-Abweichung 17
P-Anteil 85
P-Bereich 72
PD-Regler 87
PI-Regler 83

PID-Regler 87
Prallring 73
P-Regler 16
Prozeßrechentechnik 7

Regeleinrichtung 8, 25
Regelfaktor 23
Regelfläche 102, 103
Regelgüte 102
Regelkreis 7
Regelkreisgrößen 8
Regeln 7
Regelstation 99
Regelstrecke 8
Regelungstechnik 7
Regler 8
Rückführung 62
Rückführungskreis 68

S

Schließer 95
Selbsttätige Regelung 7
Signalflußplan 19
Sollwert 7
Spannungsregelung 11
Speicherstrecke mit Ausgleich 40
Speicherstrecke ohne Ausgleich 40
Speicherzelle 94
Sprungantwort 14

St

Stabilitätskriterium 48
Stellgröße 8
Stellwerk 25
Stetige Regler 11
Steuern 10
Steuerungstechnik 7
Steuerwerk 94, 95
Störgröße 8
Störgrößenaufschaltung 104
Störverhalten 18

T

Temperaturregelung 54
Totzeit 49
Totzeitstrecke 50

V

Verzögert wirkende Gegenkopplung 90
Verzögerungsarme Regelstrecke 11
Verzugszeit 51
Vorhaltzeit 89

W

Wasserstandsregelung 37

Z

Zeitkonstante 31
Zeitplanregelung 104
Zeitverhalten 9
Zuflußventil 8
Zweipunktregler 52